2023年度全国重大地质灾害事件与应急避险典型案例

自然资源部地质灾害技术指导中心　编

地质出版社

·北　京·

图书在版编目（CIP）数据

2023年度全国重大地质灾害事件与应急避险典型案例 / 自然资源部地质灾害技术指导中心编. -- 北京 : 地质出版社, 2024. 9. -- ISBN 978-7-116-14322-7

Ⅰ. P694

中国国家版本馆 CIP 数据核字第 2024GA6423 号

责任编辑：田　野
责任校对：张　冬
出版发行：地质出版社
社址邮编：北京市海淀区学院路 31 号，100083
电　　话：（010）66554528（邮购部）；（010）66554631（编辑室）
网　　址：https://www.gph.clmpg.com
传　　真：（010）66554686
印　　刷：北京地大彩印有限公司
开　　本：787mm×1092mm 1/16
印　　张：10
字　　数：230 千字
版　　次：2024 年 9 月北京第 1 版
印　　次：2024 年 9 月北京第 1 次印刷
定　　价：68.00 元
书　　号：ISBN 978－7－116－14322－7

前　言

在2023年度，全国地质灾害防治工作坚持以习近平新时代中国特色社会主义思想为指导，深入学习贯彻党的二十大精神，按照2023年全国自然资源工作会议部署要求，坚持底线思维、问题导向和系统观念，更好地统筹发展和确保安全，以推动全国地质灾害防治“十四五”规划实施、进一步健全完善地质灾害综合防治体系、有效减轻灾害风险为主线，持续推进隐患识别、调查评价、监测预警、综合治理和基层防灾能力建设，加强科技、人才和信息化支撑。根据《2023年中国自然资源公报》，2023年度全国共发生地质灾害3668起，其中滑坡925起、崩塌2176起、泥石流374起、地面塌陷193起。全国各级自然资源主管部门派出专家及技术人员共计175.9万余人次，排查巡查隐患点累计252.1万余处/次（重复计数），应对各类险情10185处。共成功预报地质灾害427起，涉及可能伤亡人员5249人，避免直接经济损失5.0亿元。

对2023年度重大灾害复盘分析表明，以下特征较为突出：一是极端降雨引发群发性地质灾害。例如，7月29日20时至8月2日，受台风“杜苏芮”残余环流携丰沛水汽北上影响，加上太行山和燕山山脉地形抬升等共同作用，京津冀地区出现一轮历史罕见极端暴雨过程，累计雨量大、持续时间长、影响范围广，且落区与地质灾害易发区高度重叠，造成北京、河北共发生地质灾害1526起，占全国总数的41.6%。在往年，这些地区并非地质灾害高发区。当遭受极端降雨荷载，外洪内涝、地质灾害及基础设施损毁致灾级联耦合，反映了实施国土空间全域地质灾害风险防控的重要性、紧迫性。二是工程建设领域相关灾害事故。全年与切坡建房有关的地质灾害1199起，造成20人死亡失踪、8人受伤，直接经济损失1.47亿元。另外，内蒙古阿拉善新井煤业有限公司露天煤矿“2·22”特别重大坍塌事故、四川省凉山州金阳县“8·21”山洪灾害等虽然不属于地质灾害，但均造成重大人员伤亡，多发生在生产经营活动中，或者事前已出现一定前兆或者已经发出了相关预警信息，但是风险意识薄弱，或者防灾知识不足，或者缺乏预案，或者抱有侥幸心理、麻痹大意，未组织人员及时撤离，酿成灾难性事件。这些情况表明，当前工程建设领域灾害风险隐患仍然较高，尤其是对防范群死群伤灾害风险有重大的警示意义。三是城市地质安全风险隐患。随着城市地下空间向深部拓展，对 50m 以深隐伏工程地质缺陷勘查探测提出适应工程场景的更高精度要求，否则容易加剧地质灾害与安全风险。例如，5 月 31 日，天津市津南区八里台镇局部地面出现沉降现象，影响涉事楼栋稳定，数千人紧急避险安置。勘查表明，千米深度以下存在地质空腔。受包括人为活动在内的多种因素影响，上覆浅层水土流失，造成地表沉陷。此类地面沉降、地面塌陷现象，在南方城市群尤为突出。为有效防范和坚决遏制重特大地质安全事故发生，有待加强城市地质安全风险防控。包括从规划源头减轻灾害风险、提升基础设施地质安全设防标准、分类分时序规范地下资源勘查开发活动、加强监测设施及信息共享等。

对 2023 年度地质灾害避险案例复盘分析表明：各地积极探索点面结合的风险防控模式与方法，从隐患识别、监测预警、避险撤离、应对处置、到快速恢复，初步形成全域闭环流程，为县、乡、村防灾预案进一步优化完善提供了实践基础。天空地多元遥感、自动化监测、大数据、数字化等技术得到快速应用，提升了预警响应效率，促进了群测群防体系规范化和水平提升。例如，7 月 4 日凌晨 5 时左右，重庆市万州区长滩镇村民巡查到杨花池，发现有滑坡迹象，大面积滑坡发生前 1 小时将沙滩村 8 组 20 户 79 人紧急撤离到安全地域，得益于地质灾害气象风险预警、多年当地生活经验、地质灾害防治培训和驻守技术指导。同时，也必须看到，在一些综合防治体系基础相对薄弱的地区，在乡镇村组应对短临风险时，仍存在预警指向性不足、响应效率不高、应急措施针对性不足等难题。尤其是当前气候变化背景下，极端降水引发群发小规模崩塌、滑坡、泥流现象增多，前兆不明、预判时间不足、预警信号传递不易、威胁人员不明、避险时机不充分、心存侥幸或犹豫等因素影响，导致短临风险加剧。例如，受今年第 11 号台风“海葵”残涡西移影响，9 月 10 日 7 时至 11 日 7 时，广西玉林博白县累计降水量 368. 8mm，突破历史极值 311. 7mm，引发多处滑坡泥流，也有应对处置不当导致伤亡情况的发生，教训深刻。

根据自然资源部地质勘查管理司统筹部署，在各省（市、区）地质灾害防治管理行政主管部门、中国地质调查局水环部的关心指导下，自然资源部地质灾害技术指导中心国家级地质灾害应急防治项目组编写本书，以期有助于基层地质灾害综合防治能力提升，引导社会公众增强风险意识和自我防范技能。具体编写由陈红旗牵头，祁小博、方志伟、李俊峰、齐干、李金柱、李佐春等分工校核，汛期地质灾害防御专家组全程参与。书中所指地质灾害包括自然因素或人为活动引发的危害人民生命和财产安全的山体崩塌、滑坡、泥石流和地面塌陷等与地质作用有关的灾害。范围涉及除香港特别行政区、澳门特别行政区、台湾地区以外的 31 个省（自治区、直辖市）。

目　录

上篇》》

典型地质灾害事件

陕西清涧“1·31”小型崩塌灾害

1 灾情概况

2023年1月31日7时许，陕西省榆林市清涧县下廿里铺镇桑浪河村一村民屋后边坡发生崩塌，造成4间民房被埋，1人死亡，直接经济损失约20万元。

2 基本特征

崩塌所属地貌为侵蚀堆积黄土梁峁区，为非在册地质灾害隐患点。呈不规则簸箕状，崩塌体高约20m，宽约25m，厚1~2m，规模约700m^3，崩向52°。崩塌发生后，崩塌后缘形成高6m、宽11m、近直立的陡坎（图1）。

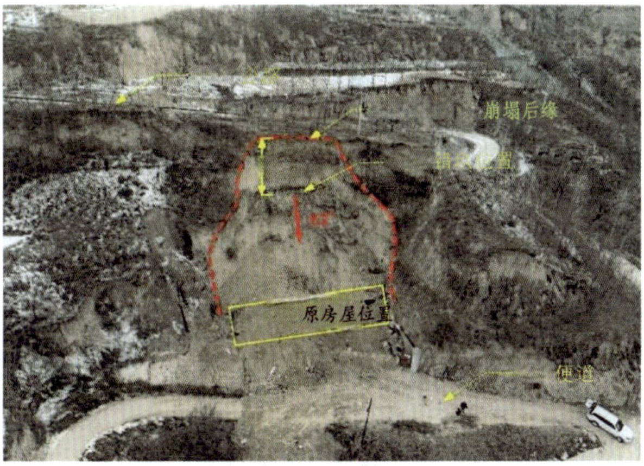

图1 崩塌全貌

3 成因分析

1）地形地貌因素。该崩塌地处黄土残垣斜坡地带，属于老崩滑堆积体和后壁的局部复活，崩塌前坡高约20m，坡度近70°，局部近直立，前缘临空，稳定性差，属于黄土地质灾害的易发坡段。

2）岩土体结构因素。地层岩性为第四系中上更新统风积黄土，黄土孔隙、节理裂隙发育，根系发育，抗冲蚀能力差，水敏性强，遇水强度急剧下降。该位置周边曾发生多处小规模崩塌，岩土体整体破碎，易发生崩塌地质灾害。

3）削坡建房。该房屋建于1991年，住户修建房屋时，对屋后坡体进行削坡，对原始坡体稳定性造成了一定影响。

4）降水因素。2022 年汛期降水量达近 40 年来最高，清涧县近 3 个月降水量为 28.9mm。汛期以来，降水的持续渗入提升了土体含水率，由于马兰黄土具有极强的水敏性，即随着含水率的增加，黄土强度急剧锐减，从而降低了斜坡黄土坡体的强度。

5）冻融因素。根据清涧县气象局资料，1 月下旬，清涧县最低气温-26℃，最高温度 8℃，最大温差 34℃，反复冻融作用引起土体强度降低。

因此，降水入渗和冻融作用是该黄土崩塌形成最主要的两个诱发因素。

4 应急救援技术支撑

崩塌发生后，应急、自然资源、交通、公安、卫健、消防等部门立即赶赴现场救援。市县党委、政府高度重视，成立了由榆林市委常委、分管副市长任总指挥，榆林市应急管理局、榆林市自然资源和规划局及清涧县人民政府负责人为成员的清涧县“1·31”桑浪河村黄土崩塌灾情应急处置指挥部，指挥调度抢险救灾和善后相关事宜。并对崩塌区域设置警示牌、警戒 线，建议安排专人巡查监测，并采取排危除险措施，尽快消除隐患（图 2）。

图 2 救援现场

5 教训与启示

冻融期引发的地质灾害不容忽视。为防止类似事故发生，一是建议进一步加强冻融期地质灾害成灾规律和防范措施研究，提高地质灾害防御工作针对性和有效性。二是建议围绕冻融型黄土地质灾害特征，开展冻融期地质灾害隐患排查工作，发现隐患，及时采取措施，防止灾难发生。

湖南新田“6·27”小型滑坡灾害

1 灾情概况

2023年6月27日3时40分许，湖南省永州市新田县中山街道上车村富村自然村发生滑坡，造成1人死亡，直接经济损失50万元。

2 基本特征

2.1 地质环境条件

滑坡所在斜坡属于构造剥蚀型丘陵地貌区，斜坡坡向138°，原始坡度30°~50°，坡体相对高差约25m。斜坡周边发育第四系残坡积层碎石粉质黏土，厚度0.5~4.0m，下部为上泥盆统佘田桥组泥灰岩夹砂质泥岩软弱夹层，地表出露基岩风化强烈，呈灰黄、灰白色，节理极为发育，基岩沿节理面风化呈碎块状。滑坡所在斜坡周边未见有断裂构造，地层整体为单斜构造。滑坡周边未见有地下水露头，坡脚冲沟内为溪沟，溪沟补给来源主要为大气降水，周边坡面雨水汇集于内，水质浑浊。结合以往资料，该地区未有地震发生。

2.2 灾害地质特征

滑坡长35m、宽22m、平均厚4m，面积约770m^2，体积约3000m^3，坡向138°，属小型推移式顺向滑坡。滑坡上覆第四系残坡积层，为含碎石粉质黏土，结构较松散；下伏基岩为上泥盆统佘田桥组泥灰岩夹砂质泥岩软弱夹层，强风化，厚度较大，节理裂隙发育，岩体破碎，软弱夹层遇水易软化，软化后呈黏土状（图1）。

图1 滑坡全景

滑坡发生后，边坡后缘剩余土体松散，局部有松动迹象，仍处于不稳定状态，若遇降雨等不利因素，后缘及两侧有继续下滑的可能，威胁下方人员安全。

3 成因分析

3.1 灾害发生过程

滑坡位于新田县中山街道上车村富村自然村，不属于在册地质灾害隐患点，滑坡坡脚住户不属于切坡建房户。6 月 27 日 3 时 40 分，新田县中山街道上车村村民何三艳接邻居李久元求助，被告知其房屋受山体滑坡毁损，其妻子邓桂金被困。滑坡体冲垮靠山体一侧一楼屋脚，大量泥土涌入房屋。在雨水及溪沟冲刷作用下，该滑坡仍处于不稳定状态，仍可能继续向下滑动变形。

3.2 成因分析

该边坡为顺向坡，上覆第四系残坡积层结构松散，前期长时间强降雨导致土体大量吸水至饱水状态，土体重度增大，静水压力增加，水体下渗到软弱夹层层面，软弱夹层遇水软化，降低了结构面的力学物理性质，坡体抗滑力减小，造成坡体失稳。

4 应急救援技术支撑

2023 年 6 月 27 日 3 时 40 分，新田县中山街道上车村村民何三艳接邻居李久元求助，被告知其房屋受山体滑坡毁损，其妻子邓桂金被困。何三艳迅速向新田县消防救援大队、新田县公安局拨打紧急电话 119、110 求助。

收到消息后，新田县消防救援大队、新田县应急管理局、新田县自然资源局先后赶赴现场组织救援。新田县自然资源局技术保障人员现场进行技术测绘，至 6 月 27 日 18 时 20 分救援结束，共投入抢险救援车 10 辆，消防作业车 2 辆，救护车 2 辆，动用生命探测仪 1 台，投入消防专业救援人员 20 人，其他救援人员 100 余人，紧急转移安置 1 人，组织 8 名地质和住建领域技术专家进行综合研判和分析。

5 教训与启示

1）深化对灾害链成灾机制认识。地质灾害成灾机理复杂，尤其是滞后性滑动难以判断。该滑坡成灾过程突发性强、时间短，前期迹象难以准确察觉。本轮降雨过程中，新田县自然资源局组织乡镇、村组开展了多轮巡查排查，未发现变形迹象。该斜坡在强降雨影响下并未成灾，而在最强降雨时段后 8 小时才发生滑动。

2）加强汛期风险预警响应机制。汛期应加强与气象部门及时会商研判，实时监测雨情，强降雨期间，利用电话、“村村响”喇叭、铜锣、上门告知等方式及时将预警信息告知到预警范围内每户每人，凡是电话未接通或信息未回复的，要迅速组织人员上门告知提醒，确保预警信息有反应、有反馈、有行动、有效果，及时转移受威胁人员。

3）加强宣传培训工作。“住前屋不住后屋、住楼上不住楼下”的防灾减灾知识宣传工作存在薄弱环节，特别是部分农村老人等特殊群体对地质灾害避险意识不够。如本次事件中，在乡镇、村组提醒住前屋后，搬至前屋居住的李久元没有因灾被困，而见雨停后立即搬到后屋居住的其妻邓桂金被困死亡。此次滑坡土方量虽达 3000m^3，但房屋并未倒塌，仅靠山体一侧一楼后屋被大量泥土涌入，如果后屋未住人也不会发生本次亡人事件。

4）科学指导农村自建工程。部分农村自建工程活动不科学不专业。该受损房屋于 2018 年在原老宅基地上拆旧新建，居住几十年未发生类似灾害，2022 年在坡脚修建了 6~8m 高两层简易护坡，没有科学放置导流管，人为护坡形成高陡临空面，诱发了这次灾害的发生。该户主有一定的地质灾害防范意识，主观上是想护坡，减轻地质灾害风险，但缺少科学专业的防灾知识，不科学的护坡反而增加地质灾害风险。

重庆万州“6·30”大型崩塌灾害

1 灾害概况

2023年6月30日20时30分左右，受前日强降雨影响，重庆市万州区分水镇石碾村1组发生一起崩塌灾害，崩塌方量约150m^3，导致下方1栋居民房屋完全倒损，6人被掩埋（后经抢救无效身亡）。

2 基本特征

2.1 地质环境条件

调查区内海拔高程527~537m，属低山丘陵地貌。边坡坡度约80°，坡向345°。调查区主要出露地层为中侏罗统沙溪庙组泥岩和砂岩，岩层产状160°∠80°。区内地表水主要为降雨汇聚形成的地表径流，地下水主要为地表水下渗形成的基岩裂隙水。构造上位于铁峰山背斜南东翼，区内无大型断层经过。据历史地震资料，万州地区地震活动稀少而微弱，属于弱震区，地震基本烈度为Ⅵ度或小于Ⅵ度。区内人类工程活动主要为修建房屋时对屋后陡坎进行切坡，形成了高达10m的近直立岩质切坡，且距离房屋不足1m。

2.2 灾害地质特征

该崩塌位于居民屋后边坡，为非在册已知隐患点。边坡坡向345°，坡度80°，发育两组裂隙，主崩方向345°。坡顶部高程约537m，底部约527m，高差约10m。坡顶部为耕植土，厚约1m，下部为中侏罗统沙溪庙组泥岩、粉砂质泥岩，厚8~9m，为岩土混合质边坡。本次崩塌方量约150m^3，崩塌后坡上仍残留土石方量约200m^3（图1）。

图1 崩塌全貌

3 成因分析

崩塌位置为20世纪80年代废弃的采石场，下方房屋建于2010年左右，建房过程中对屋后边坡进行了切坡，形成了高10m左右的近直立岩质切坡，未进行支护，边坡距离房屋不足1m。该边坡地层产状较陡，且为反向坡，顶部被耕植土覆盖，砂岩地层内侧隐伏数层较软弱泥岩，且存在外倾裂隙。

2023年6月28—29日连降暴雨，雨水持续渗入土体、泥岩层间及裂隙内，由于外侧为较完整砂岩，形成了一个相对密封的储水空间，导致裂隙水排泄不畅，岩层自重及静水压力持续升高。在地表水持续入渗的影响下，该边坡上部5m处约150m^3岩土体瞬间垮塌，导致下方一栋砖混3层居民楼倒损。

在平时巡查过程中及后期走访邻居，均未发现该边坡存在明显变形迹象，因此该垮塌灾情为短时突发自然灾害。

4 应急救援技术支撑

灾情发生后，分水镇人民政府立即组织队伍进行应急救援，分水镇驻守地质工程师第一时间赶赴现场，立即对崩塌位置及附近进行应急调查，并对崩塌位置持续进行监测，确保救援过程中不发生次生灾害及损失。划定危险区域，对危险区内其他居民进行应急撤离处置，保障居民人身安全。

应急救援结束后，分水镇人民政府组织队伍对该边坡进行削方分级放坡，并在万州区规划和自然资源局的组织下新建截水沟，避免地表水对该边坡的持续侵蚀，防止该边坡继续发生垮塌。

因灾情发生时正处于雨季，为避免类似灾情再次发生，万州区人民政府及万州区规划和自然资源局立即安排专业地质队伍对万州区辖区内房前屋后边坡进行了排查，对存在的隐患点立即进行了应急抢险或搬迁处置。

5 教训与启示

在日常巡查排查过程中，应关注房前屋后工程切坡，在平时基层地质灾害宣传培训过程中，应加强居民的防灾减灾意识，发现房屋周边及主体结构存在变形迹象立即上报，并由专业人员进行处置。在农村房屋新建选址过程中应由专业人员指导，避开临边临崖区域，减少对边坡的开挖扰动，对已开挖形成的边坡应及时进行分级放坡支护。

灾情发生后，当地村民自发加入救援队伍，为抢险救援争取了宝贵的时间，在平时的基层地质灾害宣传培训过程中，应加强对居民抢险救灾技能的培训，同时每个村社应准备抢险救援物资及装备，应对突发的灾情险情。

云南保山“9·3”特大型滑坡灾害

1　灾害概况

2023年9月3日19时43分，云南省保山市隆阳区瓦马乡河东村沙子地发生一起滑坡灾害，造成瓦马乡1人死亡，2失联，4人受伤，3户房屋损毁，直接经济损失共计1636万元。

2　基本特征

2.1　地质环境条件

滑坡所在区域为构造侵蚀地貌，该滑坡位于孙足河右岸，孙足河流域岸坡坡度多在25°~40°，局部达45°~60°。滑坡前缘高程1230m，滑坡后缘高程1350m，滑坡高差120m，坡度40°~60°，滑坡体前缘局部临空。滑坡体上方见陡崖，出露基岩岩性为灰色—深灰色灰岩、泥质灰岩。滑坡后缘发育北西—南东向逆断层，受断层影响，岩石较为破碎，风化层较厚，斜坡岩土体结构松散。

该区气温湿热，降雨丰沛，据瓦马河东小学雨量站（距离滑坡点距离为4.8km）8月1日—9月2日监测数据，滑坡所在区域最大日降水量为8月27日79.0mm，8月1日—9月2日，累计降水量达到了602.5mm。

2.2　灾害地质特征

该滑坡不属于在册地质灾害隐患点。滑坡纵向长230m，横向宽200m，厚度7~10m，面积约$3.5\times10^4m^2$，体积约$28.4\times10^4m^3$，主滑方向280°，其物质组成为残积层和灰岩强风化层，坡度陡，前缘临空。在前期降水作用下发生高速滑动，堵塞孙足河形成堰塞体，造成人员伤亡失联（图1）。

3　成因分析

（1）陡峻的地形地貌为滑坡形成提供了有利的临空条件

孙足河流域岸坡坡度多在25°~40°，局部达45°~60°，滑坡前缘高程1230m，滑坡后缘高程1350m，滑坡高差120m，坡度40°~60°，滑坡体前缘局部临空，地形较陡为滑坡形成提供了地形条件。

图 1 滑坡全景

（2）特殊的地质构造和地层岩性是形成滑坡的重要因素

滑坡后缘发育 1 条逆断层，受断层影响，岩石较为破碎；根据滑坡物质及所处地形分析，滑坡体为崩塌堆积体。此外该区气温湿热，降雨丰沛，该处斜坡风化层较厚，岩土体结构松散。灰岩强风化层工程地质性质较差，物理力学强度低，且具有隔水性，当降雨入渗至覆盖层与风化层界面时，沿界面流动，形成泥化夹层，坡体沿覆盖层与灰岩风化层接触面易发生高速滑动。

（3）连续强降雨是诱发滑坡重要的因素

滑坡后缘为一小箐沟，沟向与坡向基本一致，持续性强降雨使后部山体的地表水沿裂缝汇聚入渗，致使地表水下渗，使滑体饱和、滑面软化。持续性强降雨导致河水流量迅速暴增，水流冲刷掏蚀坡脚、沟岸，致使滑坡体下部局部滑塌，抗滑力减少。

4 应急救援技术支撑

4.1 调查评价

灾害发生后，自然资源部地质灾害技术指导中心、中国地质调查局成都地质调查中心、中国地质科学院成都探矿工艺研究所、云南省地质环境监测院、云南地质工程第二勘察院有限公司、云南南方地勘工程有限公司、云南省地质工程勘察有限公司、云南省有色地质局 310 地质队等单位 33 人组成部省联合专家组，协助地方政府开展滑坡调查、险情排查、应急监测及排险处置工作。专家组通过资料收集、遥感解译、InSAR 观测、无人机航测及现场调查等技术手段，全面分析滑坡成因，研判滑坡-堰塞湖变形趋势，提出相关处置建议并形成调查报告。

4.2 监测预警及风险管控

通过多种监测手段并行，以监测云南保山“9·3”滑坡及周围坡体变形为主，为抢险救援提供技术支撑。共设置2个GNSS位移监测点，2个裂缝监测点和1个雨量计，开展无人机及遥感监测（面区域监测为主），安排部署人工监测预警，共设置5个安全哨岗。划定风险管控区域，在滑坡源头及堰塞湖附近区域设立警戒标志，严防应急处置和综合治理过程中发生次生灾害。

4.3 排危除险及应急处置

云南省地质灾害应急处置工作领导小组赶赴现场指导开展应急救援技术支撑，并成立调查组开展滑坡灾害应急调查、对孙足河两岸上下游岸坡进行地质灾害隐患排查。地方党委政府组织、协调有关部门和单位全力以赴投入抢险救灾，有序开展人员搜救、医疗救治、善后安抚、道路通讯抢修、转移安置及泄洪等应急处置工作。

5 教训与启示

该灾害属于典型滑坡—堰塞湖灾害链，滑坡滑动速度快，防灾难度极大。地质灾害具有高隐蔽性、突发性、群发性特点，在日常工作中难以精细解决“隐患在哪里”的问题，鉴于灾害多为降雨诱发，后期将继续加强实施“隐患点+风险区双控”工作，填补中高风险区内非隐患区巡查空白。省厅、市局、县局、乡镇持续组织开展地质灾害汛前排查、汛期巡查，持续开展地质灾害应急演练、监测员培训、地质灾害宣传等工作，提升基层群众识灾避灾能力。

浙江杭州“7·22”暴雨群发地质灾害

1 灾情概况

2023年7月22日，浙江省杭州市富阳区因短时强降雨突发10处地质灾害，主要分布在大源镇（5起）、上官乡（3起）和常绿镇（2起）3个乡镇交界处，其中滑坡5起（最大方量约5000m^3），泥石流5起（最大方量约6000m^3），规模均为小型。10起灾害均为非在册已知隐患点，其中3处属于已知地质灾害风险防范区。共造成直接经济损失约262万元，未造成人员伤亡。

2 基本特征

灾害发生区域位于富阳区3个乡镇交界处，地貌类型为丘陵，自然斜坡植被覆盖较好，以灌木和杂草为主，斜坡出露以全-强风粉砂质泥岩为主。

2.1 大源镇勤功村骆文尧屋后滑坡

大源镇勤功村骆文尧屋后山体中部发生滑坡，滑坡堆积物随水流冲至下方房屋，造成房屋破损，边坡未见基岩出露，表层第四系残坡积层厚2~3m，滑坡宽10~20m，滑坡方量初步估算约5000m^3（图1）。

图1 大源镇勤功村骆文尧屋后滑坡

2.2 大源镇勤功村骆校全、盛法娣等屋后滑坡

该点位于大源镇勤功村骆校全、盛法娣等屋后斜坡，为风险防范区。滑坡区轴长约

30m，宽约 25m，在强降雨的冲刷下，滑坡堆积物与两侧坡洪积物沿沟道内部顺流而下，少量堆积物堆积至房屋屋脚。滑坡方量初步估算约 150m³，潜在方量 300m³（图 2）。

图 2　大源镇勤功村骆校全、盛法娣等屋后滑坡

2.3　大源镇勤功村骆三玉屋后滑坡

该点位于大源镇勤功村骆三玉屋后，边坡长约 15m，高约 10m，为土质边坡，坡体以全风化层出露为主，表层第四系残坡积层厚 1.0～1.5m，滑坡堆积物堆积在现有挡墙前方待建房屋地基上。滑坡方量初步估算约 200m³，潜在方量 100m³（图 3）。

图 3　大源镇勤功村骆三玉屋后滑坡

2.4　上官乡深里村 112 号屋后滑坡

该点位于上官乡深里村 112 号屋后，边坡长约 20m，高 4～6m，为岩质边坡，边坡以强风化砂岩和泥质砂岩为主，砂质结构，层状构造，坡体以强风化层出露为主，表层第四系残坡积层厚 0～0.5m，岩石节理裂隙发育。滑坡堆积在坡脚处，造成下方房屋局部受损，方量约 10m³，潜在方量 50m³（图 4）。

图 4　上官乡深里村 112 号屋后滑坡

2.5　常绿镇长佳村章欢庆屋后滑坡

该点位于常绿镇长佳村章欢庆屋后，边坡长约 15m，高 10m，为土质边坡，以含碎石黏性土为主，坡体以全风化层出露为主，表层第四系残坡积层厚 1.5～2.0m。滑坡致使下方辅房损坏，方量初步估算约 $20m^3$，潜在方量 $20m^3$（图 5）。

图 5　常绿镇长佳村章欢庆屋后滑坡

2.6　大源镇勤功村骆胜涛屋后泥石流

该泥石流的形成区位于勤功村骆胜涛屋后斜坡后缘，物源主要为沟谷后缘山体的浅表松散层及切割沟底松散层，流通区沟道切割 1～2m，临近沟口处沟道切割较深，约 8～10m，切割断面为含砾黏性土，沟底见中风化基岩，堆积区位于沟谷下游段和沟口，堆积物多为角砾、碎石、块石和黏性土混合物，多夹杂毛竹等表层植被。沟谷区域流域面积约0.045km^2，沟谷长约265m，沟道内坡度约20°~30°，后缘山体坡度约40°~45°，两侧山体坡度约35°~45°，整体汇水区域山体坡度较陡，泥石流方量约6000m^3，造成沟口1间厂房受损（图6）。

图6　大源镇勤功村骆胜涛屋后泥石流

2.7　大源镇骆村骆其斌屋后泥石流

该灾害点位于大源镇骆村骆其斌屋后，为坡面泥石流，斜坡坡度约35°，基本未见基岩出露，表层第四系残坡积层厚2~3m。泥石流物源多为表层残坡积土体、碎石和土石流裹挟的植被。本次发生方量约200m^3，潜在方量约300m^3。泥石流冲毁一间房屋，堆积物堆积在房屋内（图7）。

图7　大源镇骆村骆其斌屋后泥石流

2.8 常绿镇双溪村128号章明扬屋后泥石流

该点位于常绿镇双溪村128号章明扬屋后，泥石流的主要形成区位于屋后自然斜坡上游的后缘陡坡区山体，泥石流物源主要为后缘松散岩土体、山体滑坡堆积体。后缘山体坡度较陡，流通区较短，流通区长度约150m，堆积物为含砾黏性土，多夹杂毛竹等表层植被，堆积方量约1000m^3。泥石流造成沟口1幢房屋摧毁（图8）。

图8 常绿镇双溪村128号章明扬屋后泥石流

2.9 上官乡大盛村周其才、盛士良屋后泥石流

该点位于上官乡大盛村周其才、盛士良屋后。沟谷长约180m，区域流域面积约0.026km^2，沟道内坡度整体上陡下缓，沟口处因受人类工程活动影响，形成高约2m陡坎，出露中风化基岩，后缘山体坡度约40°~45°，两侧山体坡度约30°~40°，沟域内海拔相对高差约153m，整体汇水区域山体坡度较陡，地势整体呈北高南低。泥石流的主要形成区位于后缘陡坡区山体，泥石流物源主要为沟谷后缘山体的浅层松散层及切割沟底松散层，流通区沟道切割0.5~1.5m，堆积区位于沟谷下游段和沟口，堆积物多为角砾、碎石、块石和黏性土混合物，多夹杂毛竹等表层植被，方量约2800m^3。(图9)。

图9 上官乡大盛村周其才、盛士良屋后泥石流

2.10 上官乡芳村村蒋沟山屋后泥石流

该处斜坡海拔标高为158~300.4m，相对高差约142.4m，整体地势北高南低，自然斜坡上陡下缓，整体坡度35°~45°不等。受极端降雨天气影响，后缘山体坡面发生泥石流，该泥石流物源主要为沟床及侧壁的松散层，由第四系黏性土、碎块石组成，局部夹杂毛竹，后缘斜坡潜在物源厚度3.0~5.0m不等，受强降雨的影响，坡面沟谷物源沿沟底冲刷携带毛竹、块石等物质，最后汇集于沟口居民房，导致一栋房屋被波及，局部房屋墙体被冲毁，现状堆积方量约为2000m^3，后缘沟谷潜在方量约为6000m^3（图10）。

图10　上官乡芳村村蒋沟山屋后泥石流

3 成因分析

3.1 灾害发生过程

7月22日16—19时，富阳区突发短时超强降雨，降雨范围集中，大源镇3小时降水量达198.1mm，17—18时上官乡1小时降水量达112.4mm，均破富阳区强降雨历史极值。

10处灾害点发生区域位于在上官乡、大源镇和常绿镇交界地带，山区狭窄，主要地形多为两山夹一溪，自然斜坡坡度较陡，雨水汇集极快，均为典型的局地短时突发强降雨引发的地质灾害。

3.2 成因分析

1）区内边（斜）坡坡体上部松散层厚较大，以含砾黏性土为主，结构松散，工程地质条件差。斜坡后缘及沟道两侧山体植被多以毛竹及草本植物为主，植物品种单一，固土能力稍差。

2）区内四周山体坡度较陡，斜坡坡面无固定流通通道，纵坡降整体较大，地表水流容易汇集，沟域具备一定汇水面积。

3）强降雨是滑坡和泥石流形成的直接诱发因素。短时强降雨使得坡体汇集大量地表水，经水流下渗、冲刷后土体含水量陡然增加，重量相应增加，加大了滑坡体的下滑力。另外，区内排水不畅，造成区内水流在坡面冲刷，加剧滑坡和泥石流的发生。

4 应急救援技术支撑

7 月 22 日晚，当地政府立即组织应急处置小分队，分赴大源、常绿、上官、永昌和湖源等重点乡镇，对风险防范区、治理工程、切坡建房、道路沿线山体边坡等区域开展巡查，同时组织专业技术人员赶赴现场开展应急调查，及时划定危险区范围，组织受威胁人员进行撤离，对危险区及道路进行封闭管控，落实巡查监测人员，并对存在隐患的灾害点及时采取应急排险和工程治理措施。

5 教训与启示

1）地质灾害风险调查识别程度不高。10 处灾情仅 3 处位于已查明的地质灾害风险防范区，风险管控范围覆盖程度不足，其中发生灾害的上官乡尚未开展乡镇地质灾害风险调查评价工作。

2）山区群众防灾意识和避险能力有待提高。本次超强降雨灾害发生后，暴露出不少受灾害威胁群众对暴雨、台风等极端灾害天气带来的极端危害性依旧认识不清，群众自救互救意识能力弱，避险行动执行不够果断等问题，群众的防灾意识和避灾能力有待进一步强化和提升。

福建南安"7·29"中型泥石流灾害

1 灾情概况

2023年7月29日6时40分左右，受第5号超强台风"杜苏芮"影响，福建省泉州市南安市溪美街道湖美社区南山南二环路东南侧山坡发生坡面型泥石流灾害，总计冲出并堆积在南二环路路面上的土石方量约3000m^3，威胁17户62人的生命财产安全，造成该条南二环路市政主干道严重堵塞，沿街38间店铺及十余辆车辆淤埋，直接经济损失约450万元，属于福建省少有的中型地质灾害（图1）。

图1 泥石流全貌

2 基本特征

2.1 地质环境条件

（1）地形地貌

该区域属于丘陵地貌单元，山体坡面由北西向东南延伸，整体形态为直线型坡面，坡顶处即为山脊线，由西向北展布，标高269.40~363.48m；坡脚位于南二环路人行道处，标高35.70~48.70m，坡面高差约234~315m。山坡自然坡度16°~42°，局部50°~60°，上陡下缓特征明显，坡向310°~330°，凹凸坡面形态共存。发生泥石流的坡面起伏较多，但相对变化小，基本以2~5m为主，由此形成数条坡面低洼凹型沟谷，也是下雨坡面水流排泄通道。沟谷凹地多为平直型，局部弯曲，从近坡顶处到坡脚处呈条带状，相对高差50~220m不等，沟谷多为宽“U”形槽状，局部坡率变化不大。

（2）气象水文条件

南安市属南亚热带季风性湿润气候，灾害发生时遭遇台风登陆带来的近60年来最强降雨，灾害发生前24小时累计降水量为242.5mm，48小时累计降水量为421.5mm，其中29日6时至7时当地过程降水量为69.9mm（数据来源于福建水利信息网）（图2）。受地表水下渗影响，同时短历时的强降雨也为灾害的形成提供了大量水源。灾害所在山坡地处丘陵地貌单元，坡面呈直线形，下雨时大部分雨水按地势往下径流排泄。在地形图上量测，泥石流区域汇水面积约$30\times10^4m^2$。

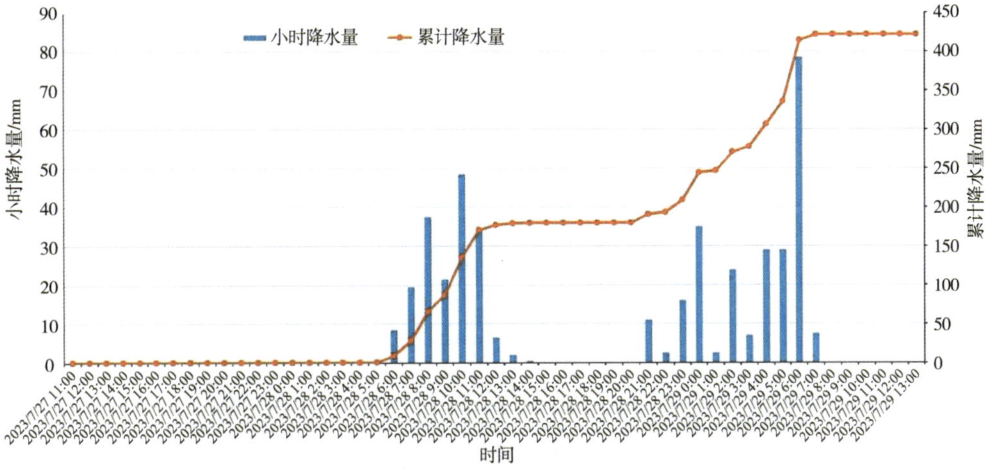

图2　灾害发生时南安市48小时过程降水量图

（3）地层岩性、地质构造

该区域上覆地层主要为人工填土、第四系全新统坡积含碎石黏性土层。下伏基岩为侏罗系南园群赤水组上段流纹质熔结凝灰岩，各岩土层未发现有洞穴、临空面和软弱夹层及孤石，主要出露在山坡沟谷内及近山顶坡面处。

根据《1∶20万地质图》（泉州幅），坡顶山脊处有1条断裂带通过，呈南北走向，延伸约1km，地质灾害点内发生坡面型泥石流与该断裂带联系较密切，主要表现在此断裂带为1条导水、富水断裂构造，其地下水的补给范围较大，此次坡面型泥石流开始形成的崩塌区域标高沿山体往上断裂延展方向均应是地表水下渗的快速补给区。

（4）水文地质条件

调查场地内的地下水主要赋存于风化裂隙和构造裂隙中，主要为孔隙水和基岩裂隙水，其补给、径流、排泄条件主要受地形因素控制，并受风化、构造作用等因素影响，补给来源为大气降水、上部含水层和临近基岩裂隙水的侧向补给，随岩层节理裂隙或地形坡度自高处向低处径流，以泉或片状渗出的方式向场地北西侧排泄。

2.2　灾害地质特征

本次发生的坡面型泥石流为非在册已知隐患点。受台风登陆影响，超强暴雨造成山坡近坡顶处发生了群发性浅表层滑坡、崩塌，在水流的作用下，主要形成了 5 条坡面型泥石流，其中 1#泥石流规模最大，影响也最为严重（表 1；图 3）。

表 1　坡面型泥石流主要特征一览表

编号	次级泥石流数量	主沟长/m	总面积/m^2	总体坡度/(°)	灾害发生时冲出规模/m^3
$1^{\#}$	6	558	21000	18~54	2500
$2^{\#}$	0	416	5000	16~41	300
$3^{\#}$	2	260	4500	16~40	200
$4^{\#}$	2	430	7800	18~42	20
$5^{\#}$	0	268	1800	16~33	20

图 3　$1^{\#}$—$5^{\#}$坡面型泥石流（红字）与 $1^{\#}$—$10^{\#}$次级坡面型泥石流（黄字）位置示意图

（1）$1^{\#}$坡面型泥石流

$1^{\#}$坡面型泥石流位于治理区山坡最右侧，主要由 6 条次级坡面泥石流（$1^{\#}$—$6^{\#}$）汇聚而成，其中主沟长约 558m，沟顶标高 275m，沟底标高 45m，垂直高差约 230m，总体坡度为 18°~54°，平均纵坡度约 27°，两侧沟岸山坡坡度约 21°~25°，总面积约 2.1×10^4m^2。上部主要发育于近山顶地带，该区山坡地形较为陡峭，坡度约 40°~55°，地表出露有坡积含碎石黏性土、局部为崩塌堆积碎块石及强-中风化岩层，其中覆盖层厚度均约 1.0m，地表植被较茂盛。受强降雨影响，该区共发生 6 处不同规模的浅层滑塌。滑塌体平面形态呈倒“U”字形或半圆形，斜长一般 8~15m，宽度 5~20m，厚度 0.8~1.2m，单个规模 50~110m^3不等。

南山西北侧冲沟和沟谷较发育，为坡面型泥石流的形成提供良好的地形条件。滑塌的土石在重力和强降雨带来的水流冲刷作用下，$1^{\#}$各次级坡面型泥石流的中上段仅是沟谷覆盖层表皮被剥蚀，未被完全冲刷下来，但在2条次级泥石流汇聚在一起形成“Y”字形的汇集处后，在重力和水流冲刷作用加持下，中下段沟谷覆盖层几乎被全部剥离，沿沟谷、冲沟一路向下冲刷刮铲沟底及两侧，同时裹挟坡面的树木等，在近坡脚处采石坑地带堆积并被采石坑坑口人工干砌块石挡墙淤堵，在山洪水流不断的作用下，最终溃决冲下，产生的大量的泥浆、滚石、树枝等冲出并堆积在坡脚处南二环路上，形成长约80m，宽约40m，面积约$3000m^2$，堆积厚度为0.3~0.8m的堆积体，土石方量约$2500m^3$（图4）。

图4　南二环路上泥石流堆积物

（2）$2^{\#}$坡面型泥石流

$2^{\#}$坡面泥石流从上到下所在坡面均为直线型凹坡坡面，无次级泥石流汇聚。沟长约416m，沟顶标高254m，沟底标高61m，垂直高差约193m，总体坡度为16°~41°，平均纵坡度约26°，两侧沟岸山坡坡度约25°，总面积约$5000m^2$，沟体总体呈直线形，从近山顶处沿山势直到坡脚。地表出露有坡积含碎石黏性土、局部为崩塌堆积碎块石及强-中风化岩层，覆盖层厚度均约1.0m，地表植被较茂盛。受强降雨影响，沟顶处发生浅层滑塌，滑塌土石方沿沟谷、冲沟一路向下冲刷刮铲沟底及两侧，同时裹挟坡面的树木等，在坡脚处市政边坡锚杆框架顶部冲下，堆积在坡脚处南二环路上，总土石方量约$300m^3$，主要由泥浆、砂土、碎块石、树枝等组成（图5）。

（3）$3^{\#}$坡面型泥石流

$3^{\#}$坡面型泥石流主要由2条次级坡面泥石流（$7^{\#}$、$8^{\#}$）汇聚而成，其中主沟长约260m，沟顶标高222m，沟底标高64m，垂直高差约158m，总体坡度为16°~40°，平均纵坡度约31°，两侧沟岸山坡坡度约22°~23°，总面积约$4500m^2$。沟谷上部发育于山坡中部，该区山坡地形较为陡峭，坡度约35°~40°，地表出露有坡积含碎石黏性土、局部为崩塌堆积碎块石及强-中风化岩层，覆盖层厚度均约1.0m，地表植被较茂盛。受强降雨影响，2条次级泥石流沟谷顶部共发生2处不同规模的浅层滑塌，在重力和水流冲刷作用下，土石

图 5 2#泥石流沟局部

方沿沟谷、冲沟一路向下冲刷刮铲沟底及两侧，同时裹挟坡面的树木等在近坡脚处人工开挖形成的采石坑地带内堆积满后冲出至南二环路上，堆积方量 200m³（图 6）。

图 6 3#坡面型泥石流沟

（4）4#坡面型泥石流

4#坡面型泥石流主要由 2 条次级坡面泥石流（9#、10#）汇聚而成，其中主沟长约 430m，沟顶标高 318m，沟底标高 72m，垂直高差约 246m，总体坡度为 18°~42°，平均纵坡度约 32°，两侧沟岸山坡坡度约 20°~22°，总面积约 7800m²。沟谷上部发育于山坡近山顶处，沟顶地形较为陡峭，坡度约 35°~40°，地表出露有坡积含碎石黏性土、局部为崩塌堆积碎块石及强-中风化岩层，其中覆盖层厚度平均约 0.5m，地表植被较茂盛。受强降雨影响，2 条次级坡面泥石流沟谷顶部共发生 2 处不同规模的浅层滑塌。该泥石流沟内覆盖层非常薄，约 0.2~0.5m，在灾害发生时只有少量冲出物堆积在坡脚南二环路人行道上，总堆积方量约 20m³，主要由泥浆、砂土、碎块石、树枝等组成（图 7）。

图 7　4#坡面型泥石流沟

（5）5#坡面型泥石流

5#坡面型泥石流从上到下所在坡面均为直线型凹坡坡面，沟谷整体上呈“L”形，沟长约 268m，沟顶标高 217m，沟底标高 77m，垂直高差约 140m，总体坡度为 16°~33°，平均纵坡度约 29°，两侧沟岸山坡坡度约 25°，总面积约 $1800m^2$。受强降雨影响，坡面泥石流沟谷顶部共发生 1 处浅层滑塌。该泥石流沟内覆盖层厚度约 0.8~1.5m，在重力和水流冲刷作用下，几乎被剥离，有少量土石堆积在沟口区域，未冲出堆积在坡脚南二环路上，沟口堆积的土石方量约 $20m^3$，主要由泥浆、砂土、碎块石、树枝等组成（图 8）。

图 8　5#坡面型泥石流沟

3 成因分析

3.1 灾害发生过程

7月29受第9号台风“杜苏芮”带来强降雨过程影响，南安市溪美街道遭遇60年来最强降雨，24小时累计降水量为242.5mm，48小时累计降水量为421.5mm，其中29日6时至7时过程降水量为69.9mm。

当日6时40分左右，溪美街道湖美社区南山北西侧山坡发生坡面泥石流灾害，冲出的泥浆、滚石、树木等覆盖在坡脚的南二环路上，堆积土石方量约3000m^3，对市政道路设施、临街店面、临停车辆等造成损坏。经现场调查，本次发生的山洪泥石流山坡上部近坡顶处发生了群发性浅表层滑塌，在水流的作用下，形成了5条坡面型泥石流，本次灾情主要由1#坡面型泥石流引发，其规模最大，影响也最为严重。

3.2 成因分析

南安市南山属侵蚀剥蚀低山丘陵地貌，山坡冲沟和沟谷较发育，为坡面型泥石流的形成提供良好的地形条件。坡体表层为残坡积土，局部为崩塌堆积碎块石，厚度约1.0m，下部为强-中风化流纹质熔结凝灰岩。岩土体受降水影响易饱水软化，抗剪强度急剧降低，容易诱发浅表层滑塌，在重力和水流冲刷作用下，沿沟谷冲刷而下，为坡面型泥石流提供了物源。场地山脊处有1条断裂带，造成地表水快速入渗破坏岩土体稳定性，短时强降雨为泥石流的形成提供了大量水源。1#沟主沟与支沟交汇处存在堵溃点，因堵溃放大效应，增加了泥石流的规模和危害性。

4 应急救援技术支撑

2023年7月29日，南安市溪美街道湖美社区南山南二环路东南侧山坡处发生坡面型泥石流地质灾害，福建省地质矿产勘查开发局迅速调派福建省地质工程勘察院地质灾害防治专家开展现场应急处置，南安市应急抢险救援指挥部根据专家处置意见，组织应急、消防救援、电力、通信、交通等救援力量，迅速对坡脚堆积区进行清除，疏通排水；同时设置警戒线、警示牌，封闭道路，将受威胁人员撤离至安全避灾点。

经过专家现场调查研判，该泥石流形成区所在山坡高度较大、坡度较陡、后缘汇水面积较大；受泥石流冲刷破坏，冲沟两侧岩土体裸露，且沿途仍残留部分物源。在持续强降雨的作用下，可能再次形成泥石流灾害，威胁下方道路及行人、沿街商铺及在建南山基督教堂相关人员的生命财产安全。

采取的应急监测措施：①物源区监测：未发生滑坡坡面是否产生新的滑坡，原滑坡体是否进一步扩展；②流通区监测：检查冲沟排泄是否通畅，冲沟是否产生新的堆积物，是否有树枝、树干等杂物堆积；③冲沟水量监测：降雨期间，观察山沟流水是否突然消失或变大（如有则有可能是上部形成堵塞，形成堰塞湖，应进行排查）；④降水量监测：强降雨为该地质灾害形成的主要原因，过程降水量超预警值应加强上述事项的巡查。

应急处置建议：①设置警示牌和在泥石流影响范围内拉设警戒线，封闭下部道路，禁止车辆、行人进入；②建议转移坡脚南安市南山基督教堂及沿街商铺人员到应急避灾场所；③安排人员巡查监管，防止群众进入危险区内，同时需要人工远处（可采用无人机巡视）观察区内变形迹象，及时用对讲机汇报现场情况，用口哨、敲锣等方式进行预警；④采用人工目视巡查方法，监测山体坡面是否有新增滑坡及原滑坡发展情况、冲沟是否堵塞、水流是否正常等；⑤及时请有相关资质的单位对地质灾害点展开勘查设计治理工作，加快推进该山洪-泥石流点的工程治理。

5 教训与启示

1）人类工程活动影响。该泥石流灾害形成主要原因除极端降雨导致坡面形成滑塌外，沟谷下游早期人工开挖形成的凹坑也为泥石流物质堆积提有利地形条件，原本可顺沟谷逐步排泄的泥石流，在底部凹坑大量堆积形成堰塞湖，规模逐步扩大，瞬间溃坝后形成破坏力较大的泥石流。

2）加强地质灾害科普工作。福建省地处东南沿海，台风降雨密集，且大部分为山区，大量房屋修建于沟口及山坡坡脚处，因泥石流灾害从孕育到发生到致灾时间较短，常难以识别及预报，应进一步开展地质灾害科普宣传工作，加强人民群众的防灾意识，尤其地处山沟出口处居民，普及泥石流地质灾害常识及应急避让方法。

3）预警手段应多样化。泥石流灾害物源区不确定且范围广，监测难度大，因此对该类型地质灾害，除对已有崩滑体开展自动化监测外，还应定期进行人工巡查或采用无人机空中巡查，对区域内坡面是否有产生新的滑坡、原滑坡体是否进一步扩展、冲沟是否有堵塞等进行记录，降雨期间实时监控沟谷的水流及水量情况等。

下篇 》》

应急避险典型避险案例

陕西临潼“2·24”马斜村崩塌避险

1 灾情概况

2023年2月24日12时37分，陕西省西安市临潼区斜口街道马斜村白杨树组崩塌隐患点发生局部崩塌，崩塌体积约3000m^3，造成监测设备受损、13间房屋损坏。因群专结合监测预警，撤离受威胁群众，避免了4户15人可能因灾伤亡。

2 基本特征

2.1 地质环境条件

马斜村白杨树组崩塌隐患位于秦岭北麓骊山延脉西南侧黄土丘陵斜坡地带，出露的地层主要为第四系中上更新统黄土，区内未见基岩出露。黄土呈褐黄色，主要由黄土状粉质黏土组成，含钙质结核夹古土壤层，虫孔及垂直节理裂隙发育，结构松散、强度较低、稳定性较差，易在降雨作用下软化，并形成落水洞、冲沟等渗水通道。

2.2 灾害地质特征

崩塌整体处于黄土丘陵区的斜坡中部，坡度15°~30°，下部有陡崖，高15~20m，距离房屋3~5m。崩塌体高约20m，宽约240m，厚约5m，体积约$2.4\times10^4m^3$，呈带状沿东西方向展布，威胁27户108人、财产1000万元。

2.3 成因分析

该崩塌处于斜坡中部，切坡建房形成的斜坡陡直，下方有两口窑洞，具备崩塌发生的空间条件。坡体为更新世黄土，土层较厚，结构松散，具垂直节理，有利于雨水沿着裂缝渗入坡体。2月8日以来，在连续两轮雨雪天气及反复冻融作用下，黄土黏结强度降低，在重力作用下形成贯通裂缝，继而发生黄土崩塌。

3 监测预警

3.1 风险识别

该崩塌是2021年新发现隐患点，为2021年地质灾害综防体系建设普适型监测点，布设2台裂缝计，2台倾角计，1台雨量计和1台预警广播，设备于2021年5月5日完成上线运行（图1）。

图 1 白杨树组崩塌全貌和监测仪器布设示意图

2021—2022 年汛期，崩塌隐患上部出现局部开裂、地表变形、住户屋前村道大面积塌陷等情况，及时采取了撤离人员、回填裂缝、回填夯实塌陷、积水区域排水填埋等措施，避免了裂缝进一步扩大。

3.2 预警研判

2022 年 10—12 月，西安市地质环境监测站（以下简称“地环站”）值班人员发现该点位监测设备数据出现异常，将该点列入重点关注对象加密观测。

2023 年 2 月 22 日 4 时 3 分，该崩塌的 LT0151LF2 设备（2 号裂缝计）监测到裂缝变形速率达到 6.2mm/h，触发蓝色预警。当日 8 时，监测点建设单位技术人员现场核实，裂缝数据持续增加，其他设备无明显变化，推测该灾害点处于局部蠕变阶段，提醒群测群防监测员继续加强观测。

2 月 23 日 8 时 37 分，2 号裂缝计又发出蓝色预警，裂缝变形速率达到 5.9mm/h，监测点建设单位派出技术人员再次到现场核实监测仪器运行情况，和群测群防监测员一起查看崩塌体稳定状态，发现该崩塌体裂缝宽度已增至约 1m，监测设备发生倾斜，判断崩塌点已处于临界状态，立即电话告知西安市地环站值班人员和临潼分局值班人员。10 时 57 分监测仪器又发出红色预警，裂缝变形速率达到 33.1mm/h。现场技术人员会同村委会人员及时通知受威胁的住户临时撤出房屋避险。

4 避险防控

2 月 23 日下午，西安市地环站专业技术人员、临潼分局矿产资源管理站人员和临潼分局平战结合技术单位赶赴现场，同斜口街道、马斜村村委会人员展开联合现场处置。经对崩塌体整体情况实地查看后，依据崩塌体变形状况，现场研判分析、协商一致后立即做出应急处置方案，决定扩大撤离人员范围。由斜口街道、马斜村委会立即组织隐患点崩塌体下部4户15人强制撤离避险，并采取围拉警戒线、竖立警示牌、逐户张贴封条等措施禁止人员进入危险区，监测员在现场值守，观测崩塌体动态，并提醒周边人员不要靠近危险区域（图2）。

2月24日12时37分，该隐患点沿着拉张裂缝发生局部崩塌，崩塌堆积体约3000m^3，崩向15°，崩塌造成监测设备受损、13间房屋不同程度损坏，经济损失约40万元（图3）。

崩塌发生后，西安市地环站、临潼分局会同监测点建设单位、平战结合技术单位对灾害开展应急调查，并采取监测措施持续观测崩塌体动态，防止次生灾害发生。

图2　2月23日崩塌前全景照片（镜向195°）

图3　2月24日崩塌后全景照片（镜向195°）

5 经验与启示

监测设备出现数据异常，技术人员核查研判，人机结合及时发出预警，实现成功避险，充分显示了地质灾害隐患点人机结合监测预警的重要性。近年来普适性监测设备实验表明，设备可减轻人员巡测观测的工作量、能反映局部地质体形变，人员可窥其全貌综合研判，二者结合精准预警更加科学有效。

陕西淳化“3·27”城关村一组崩塌避险

1 灾情概况

2023年3月27日23时35分，陕西省咸阳市淳化县城关街道城关村一组发生一起小型土质崩塌，造成房屋、道路不同程度损毁。由于风险区巡查员发现变形迹象，提早撤离受威胁群众，成功避免9户23人可能因灾伤亡。

2 基本特征

2.1 地质环境条件

崩塌区地貌单元属黄土丘陵沟壑区，为地质灾害高易发区和高风险区，出露地层为第四系马兰黄土，未见基岩与地下水出露。坡体竖向裂隙和大孔、虫孔发育，具湿陷性，工程地质性质差，降雨易入渗使得土体含水量增大，自重增大，并软化土体，降低土体强度，形成崩塌。

2.2 灾害地质特征

崩塌区内整体地形西北高、东南低，相对高差10~15m。此次崩塌边坡高陡直立，坡度约85°，崩向212°，崩塌范围宽约13m，高约10m，厚约8m，体积约1040m^3，为坠落式小型土质崩塌。坡脚处因人为斩切坡脚而呈近直立状，坡面陡直裸露，黄土垂直节理裂隙发育，坡脚人口居住密集。

2.3 成因分析

崩塌区地貌单元属黄土丘陵沟壑区，为地质灾害高易发区，坡体前缘临空、高差大，具备崩塌发生的空间条件。崩塌顶部存在一株粗大槐树，生长根系发育，在植物根劈作用下对裂隙壁产生挤压，使土体裂隙扩大，从而引起土体破坏。加之连续雨雪天气，雨水沿裂缝下渗软化土体加大了土体自重，在冻融交替作用下，加剧了灾害的发生。

坡体下分布多孔老窑洞，窑洞年久失修，顶部覆盖层较薄，成为薄弱地带，加之坡体顶部修建房屋荷载增大，且未修建有效排水设施，存在渗漏的可能，易使土体饱和软化，造成崩塌（图1）。

图 1　崩塌全貌（镜向 55°）

3　监测预警

自然资源主管部门在群测群防的基础上对划定的风险区实行严格的规划管控制度，同时建立定期巡查排查全覆盖制度，推进地质灾害“隐患点+风险区”的双控模式，实现了地质灾害风险防范全覆盖，这也为前期地质灾害风险识别打下了坚实的基础。崩塌发生前，淳化县村级风险区巡查员在开展风险区的汛前、冻融期日常巡查中发现了该隐患。

4　避险防控

2023 年 3 月 27 日 20 时，风险区巡查员发现城关村一组一居民窑洞后出现溜土、掉块现象，坡体顶部水泥路面出现多处开裂，并存在进一步加剧变形的迹象，立即将巡查情况报告淳化县自然资源局，同时启动突发性地质灾害应急预案，划定坡顶及坡脚共计 6 户为地质灾害危险范围。

淳化县自然资源局接报后，协同城关街道办事处果断组织撤离受威胁群众 11 户 25 人，并对危险区域拉设警戒线，派专人值守，严禁居民靠近、返回。

27 日 23 时 35 分，崩塌发生，造成水泥路及底部窑洞损毁，多间房屋出现不同程度损伤，顶部道路中断，坡顶房屋部分悬空，大量松散堆积物堆积在居民院内（图 2）。根据现场调查，未崩塌坡体处于欠稳定状态，分析认为极有可能发生再次垮塌，破坏范围可能进一步扩大，随即安排监测员加强坡体巡查，一旦发现异常立即上报。

图 2　崩塌造成松散物堆积至居民院内（镜向 90°）

5　经验与启示

本次灾情的成功预报，得益于"隐患点+风险区"双控模式的应用。当地自然资源主管部门在群测群防的基础上，对划定的风险区实行严格的国土空间规划与用途管制，同时建立定期巡查排查全覆盖的制度，探索地质灾害"隐患点+风险区"的双控模式，推进全域风险防范，为最大程度减轻灾害风险、保护人民群众生命财产安全提供更加健全完善的保障机制。此崩塌为非在册地质灾害隐患点，属地质灾害高风险区巡查范围，风险区巡查员在巡查过程中发现坡体变形迹象，自然资源主管部门立即协同地方镇、村组织受威胁群众撤离，实现成功避险。

甘肃陇南“4·21”槐树下村滑坡避险

1 灾情概况

2023年4月21日13时42分，甘肃省陇南市武都区安化镇槐树下村阳坡三组发生山体滑坡，损毁农田、输电线路。由于预警及时，避险转移受威胁及影响的58户240余人，无人员因灾伤亡。

2 基本特征

2.1 地质环境条件

该滑坡位于北裕河右岸斜坡前缘，地貌类型属构造侵蚀低中山，地势总体东北高西南低，地形切割强烈，坡顶海拔1959m，坡脚海拔1412m，相对高差达547m，平均坡度约40°。受地表水长期冲刷影响，坡面较为凌乱，“V”形冲沟发育。

滑坡区出露地层主要为黄土和泥岩。马兰黄土披覆于斜坡上部，土质疏松，结构松散；下伏离石黄土结构相对质密；基底为新近系泥岩、砂质泥岩互层，砖红色，产状近水平。地下水类型主要为黄土潜水及碎屑岩类裂隙水。人类工程活动以陡坡耕植、切坡取土和削坡建房为主。

2.2 灾害地质特征

该滑坡属老滑坡前缘复活滑动，为推移式堆积层滑坡。平面形态呈“舌”形，前后缘高差约60m，滑向170°，平均坡度35°。长约120m，宽约105m，平均厚度约25m，平面面积约$1.26\times10^4m^2$，体积约$31.5\times10^4m^3$。滑坡滑动后，在后缘拉裂形成高22~30m、近直立的高陡后壁，坡体可见明显擦痕。滑坡堆积体物质组成后部以粉土为主，局部夹杂泥岩碎屑；中下部及前缘以粉土、砂质泥岩碎屑混杂体为主，土体潮湿。滑带土上部以粉土为主，下部为粉土、泥岩碎屑混杂体，土体软塑；滑床为老滑坡堆积体，成分为粉土及泥岩团块混杂体，较为质密。受滑体运动时上部逐级向下部传递应力、刮铲、挤压影响，滑体中后部发育两级反坡平台，平台上部鼓胀裂缝广泛分布，前缘舌部已分散呈块状，堆积于下部原始平台上部。根据滑动前后影像图对比分析，滑坡前缘最远滑动距离41.2m（图1）。

2.3 成因分析

此次滑坡主要受以下因素控制和影响：

图1　滑坡全貌图

（1）切坡取土

据访问，2008—2017年，当地砖瓦厂长期在斜坡前缘开挖取土，使斜坡前缘形成高约60m、近直立的高陡临空面，导致斜坡失去支撑，坡体形态、应力分布发生改变。受开挖影响，该斜坡于2018年发生变形，后缘发育数条呈"环"状展布的拉张裂缝，反映出斜坡已进入累进性形变状态。

（2）地层岩性

滑坡体主要物质组成为黄土和泥岩。上部黄土孔隙发育，结构松散，垂直节理发育，具湿陷性，遇水易崩解。基底泥岩表层风化破碎，遇水易软化，属易滑地层。

（3）降雨

据雨量监测资料，2023年4月20—21日，安化镇24小时最大降水量为32.4mm（4月20日），累计降水量55.3mm。连续强降雨使大量地表水沿后缘裂缝灌入，坡体含水量剧增，静水压力增大，土体抗剪强度降低，致使斜坡失稳。

综上，此次滑坡灾害的发生是斜坡累进性变形破坏的必然结果。开挖取土形成的高陡边坡和易滑地层为滑坡灾害的发生创造了条件，坡体后缘发育裂缝为地表水的入渗提供了优势通道，在强降雨影响下，最终导致斜坡发生滑动。

3　监测预警

为应对汛期地质灾害防范工作，安化镇政府自2023年4月10日起，对辖区内网格员、地质灾害群测群防员开展了多轮培训，对全镇6片区46个村居民开展了地质灾害防灾减灾知识宣讲。实现了镇、村、社三级干部培训全覆盖，提升了全民防灾减灾意识和避险自救能力。

2023年4月20—21日，安化镇出现强降雨。面对短时强降雨天气，陇南市自然资源局高度重视，要求武都区自然资源局加强地质灾害监测预警和排查，做好强降雨落区各项地质灾害防范工作。武都区自然资源局接到通知后，随即通知乡（镇）政府、群测群防员和驻守技术支撑单位要加强巡查排查，要求一旦发生险情，立即组织受威胁人员避险撤离。

4　避险防控

4月20日9时，乡镇网格员在日常巡查排查过程中，发现该斜坡上部原有裂缝出现向两侧延展、拉裂等现象，立即上报镇政府，镇政府随即上报陇南市自然资源局武都分局。11时，市局组织技术人员赴现场开展应急调查，现场调查认为坡体处于不稳定状态，发生灾害的可能性大，建议镇政府组织受威胁群众紧急避险转移，做好各项防灾工作，全力保障受威胁人员生命安全。13时，武都区政府人员赶赴现场，组织镇、村、社干部25人对受直接威胁的8户居民临时转移至安全区域，并安排专人对斜坡体进行24小时监测预警，密切关注坡体动态。

21日13时33分，开展应急监测的村组网格员发现斜坡变形量进一步增大，坡体上部裂缝已完全贯通，随时有发生滑坡的可能，随即上报监测情况。市局收到险情速报后，及时报甘肃省自然资源厅值班室。甘肃省自然资源厅收到速报后，立即派专家组赶赴现场，同时会同省级专家，与陇南市、武都区两级自然资源部门开展远程会商研判，认为斜坡已进入临滑状态，要求市、区自然资源部门会同安化镇政府进一步落实受威胁人员避险转移、危险区管控等工作。随即，两部门紧急组织人员将潜在影响区内的50户210余人全部撤离至安化镇初级中学临时安置点，并在现场拉设警戒线，划定危险区，安排专人值守，严防人员回流。

13时42分，斜坡整体滑动。由于预警及时，人员撤离有序，此次滑坡未造成人员伤亡。14时，防治中心专家到达现场，会同陇南市、武都区两级自然资源部门相关人员共同开展应急处置技术支撑工作，第一时间查明滑坡基本特征，分析成因，研判滑坡发展趋势，划定危险区，提出防治措施建议，有效应对了本次滑坡灾情、险情。

5　经验与启示

险情动态研判准确，避险转移坚决果断，是本次成功避险的关键。近年来，甘肃省已建立健全了覆盖全省地质灾害隐患点的县、乡、村、组四级群测群防网络，全面落实技术支撑单位汛期驻守制度，畅通了省、市、县、乡各级自然资源部门上下联动渠道。近年来人为切坡引发地质灾害时有发生，当坡体自稳条件较差时，轻微人工扰动可能导致大的灾难，不容侥幸大意。

山西沁源“5·5”学孟村滑坡避险

1 灾情概况

2023年5月5日10时30分左右，山西省长治市沁源县沁河镇学孟村滑坡隐患发生滑动，造成9间房屋受损。因监测预警及时，处置措施有效，人员撤离及时，避免了6人可能因灾伤亡。

2 基本特征

2.1 地质环境条件

该区域位于堆积河谷地段，微地貌为堆积的黄土斜坡。东段坡高20m，坡度45°~50°；西段坡高约15m，坡度约65°。坡度47°，坡向135°，坡顶有拉张裂缝，坡脚有渗水现象。坡体南侧约50m有一处水井，水位标高约970m，水深4~5m。地层主要由第四系粉土、粉质黏土组成，局部夹有砂层，在坡体东侧约300m处出露和尚沟组砂岩夹泥岩，雨季时偶有水向外排泄。距离坡体西侧约300m为沁河干流，坡前沟谷雨季时汇水向沁河排泄。隐患点所处区域内断裂构造不发育，无活动性断裂。

2.2 灾害地质特征

学孟村滑坡为一土质滑坡，本次发生滑动区域位于西段，处于第一级台阶，原有坡面坡度约80°，滑动轴向长度约8m，宽度约25m，厚度约8m，滑动方量1600m^3。

滑坡体东西两侧均为冲沟边缘。东部坡体总体呈矩形，西部总体呈舌形。底部砂砾石层雨季渗水。砂砾石层产状为坡向125°，坡度25°，与坡体呈斜交。滑体厚6~8m，滑带土主要为砂砾石夹层充填粉土、粉质黏土，胶结程度良好，滑床主要为粉质黏土。

2.3 成因分析

滑带土主要为胶结程度良好的砂砾石夹层充填粉土、粉质黏土，有透水性；滑床主要为粉质黏土，为较好的隔水层，因此易在此层面上形成滞水。受连续降水影响，雨水渗入坡体内部，使得土体近于饱和，自重增加，抗剪强度急剧下降。最终斜坡土体沿软弱结构面发生剪切破坏，从而发生滑坡（图1）。

图 1　滑坡全貌

3　监测预警

2023 年 5 月 4 日，沁源县地质灾害技术支撑单位在对学孟村滑坡隐患巡查过程中发现坡体有少量渗水现象，坡体无明显的变形迹象。

5 月 5 日 1 时 09 分，滑坡滑动变形，监测设备发布黄色预警。2 时 58 分，监测设备又发布红色预警，并以短信方式通知了技术人员和防灾责任人。

4　避险防控

接到短信通知后，沁源县自然资源局立即通知技术支撑单位进行现场核实，同时启动应急预案，安排受滑坡威胁 1 户 6 人进行紧急撤离。

5 月 5 日 6 时，技术人员到达现场进行核查，并提出了临时处置建议，要求立即在危险区域拉设警戒线，防止无关人员进入，对已经撤离人员进行妥善安置，防止回流，监测责任人增大巡查频次，同时，建议立即对滑体上裂缝回填，防止降水渗漏，并在滑坡后缘做好应急排水措施。

10 时 30 分左右，该滑坡发生大面积滑动，致使 9 间房屋受损，直接经济损失约 30 万元。

5　经验与启示

汛期坚持巡查排查，依据预警信息果断启动应急预案，快速组织危险区内群众紧急避险，“人防+技防”手段有效防范地质灾害隐患成灾风险。

湖北鹤峰“5·26”李桥村滑坡避险

1 灾情概况

2023年5月26日7时，湖北省恩施土家族苗族自治州鹤峰县走马镇李桥村发生一起滑坡，因群测群防员巡查发现变形迹象，当地政府及时转移受威胁群众避险，成功避免1户4人可能因灾伤亡。

2 基本特征

2.1 地质环境条件

滑坡所在区属剥蚀中高山丘陵地貌，上覆第四系残坡积碎石土，结构松散，厚度5~10m；下伏基岩为震旦系南沱组砂岩夹泥岩，产状340°∠14°。区内未见有明显新近活动性断裂构造形迹。岩石构造及风化裂隙较发育，岩体被切割成不同块体后，具弱—中等透水性，地下水类型主要有松散岩类孔隙水和碎屑岩裂隙水，地下水主要接受上部第四系松散层地下水的入渗补给以及大气降水补给。

2.2 灾害地质特征

该滑坡平面呈“簸箕”形，主滑方向320°，与坡向基本一致；滑坡剖面形态呈“阶梯”形，前缘高程830m，后缘高程835m，相对高差5m；滑坡纵向长10m，平均宽25m，平均厚5m，平面面积约250m^2，体积约1250m^3，滑体物质为碎石土，结构松散。

2.3 成因分析

滑坡体岩性为第四系残坡积碎石土及震旦系砂岩夹泥岩，碎石土结构松散，砂岩夹泥岩节理发育，易风化软化，稳定性差。因修建房屋开挖边坡，破坏了原始坡体结构，形成了直立陡坎，使其前缘临空，上部坡体失去支撑。灾害发生前，区内持续降雨，降雨沿孔隙、裂隙渗入，一方面使土体容重加大，另一方面使沿层面的摩擦力减小，在自重和渗透压力作用下，坡体失稳。

3 监测预警

5月25日18时左右，恩施土家族苗族自治州地质灾害精细化气象风险预警系统发出地质灾害风险黄色预警，并通过网页、QQ群、微信群、短信等方式发出预警信息，预警显示鹤峰县走马镇李桥村地质灾害气象风险较高。鹤峰县、走马镇自然资源部门强化预警响应，认真落实“四位一体”网格化管理、“雨期”三查、人员转移避险等各项防范措施。

4　避险防控

按照预警响应要求，走马镇自然资源所会同地方政府扎实做好风险区地质灾害隐患巡排查工作，5 月 26 日 5 时 40 分左右，走马镇李桥村灾害信息员在巡查中发现该村九组居民房屋后出现裂缝，凭多年监测经验及灾害信息员培训所掌握的专业知识，信息员意识到该山体极有可能发生滑塌，直接威胁到该户人员安全，迅速向镇政府和应急办公室进行了电话汇报，镇政府要求立即疏散群众，并组织人员和应急分队迅速赶到现场。

经与当事人沟通，将居家的 4 人紧急转移到其亲戚家中，随后在其房屋前后设置警戒线，安排专人值守。26 日 7 时左右，随着雨势加大，房屋后面的坡体瞬间垮塌，土石直接冲入二楼房间和一楼厨房内（图 1，图 2），未造成人员伤亡。

图 1　滑坡全貌

图 2　滑坡造成房屋损坏

5 经验与启示

本次成功避险，得益于省、州、县三级自然资源部门针对短时强降雨等极端天气，及时组织专家会商，滚动开展监测预警，发布精细化气象风险预警信息。基层网格员和群测群防员收到预警信息后能够严格按要求执行预警响应工作，加强对网格内高风险区巡查排查，准备判断临灾险情，最终实现成功避险。

陕西紫阳“6·2”染房村六组滑坡避险

1 灾情概况

2023 年 6 月 2 日 12 时 55 分，陕西省安康市紫阳县麻柳镇染房村六组发生一起滑坡，造成下部村级道路中断，居民房屋受损，2 台普适型监测设备损毁，直接经济损失约 10 万元。由于监测设备提前预警，村镇干部组织受威胁群众撤离及时，成功避免 2 户 7 人可能因灾伤亡。

2 基本特征

2.1 地质环境条件

该滑坡位于低山河谷区，为低山斜坡地貌，微地貌为陡坡。地层岩性主要由第四系全新统冲洪积层、坡积碎石土及寒武系千枚岩组成，岩石节理发育，变余泥质结构，具有千枚状构造，抗风化能力较差，表层风化较强烈。滑坡所在地区主要受麻柳褶皱束和饶峰-麻柳坝断裂控制，地质构造活动较强烈。地下水主要包括变质岩类裂隙水和松散岩类孔隙水两类。区域内地震动峰值加速度为 0.05g，地震烈度为Ⅵ度。

2.2 灾害地质特征

该滑坡位于紫阳县麻柳镇染房村六组，为在册隐患点。滑坡平面呈“簸箕”状，前后缘高差约 35m，平均坡度 45°，斜长约 70m，宽约 60m，厚 3～5m，体积约 $1.68\times10^4m^3$，主滑方向 80°，属于小型岩质滑坡。滑动后后缘形成高差约 2m 的滑壁，滑坡区左侧边界下错约 1.5m。滑坡体主要为强风化千枚岩，岩层产状 50°∠35°，在持续强降雨和滑体自重作用下，滑坡体上部松散岩体发生大面积滑塌。

2.3 成因分析

滑坡所在斜坡区坡度较陡，前后缘高差较大，表层覆盖层土体较薄，岩石风化较严重，岩体松散，裂隙发育，有利于地表径流下渗和基岩裂隙水流动，在持续强降雨作用下滑体易饱和、自重增大，进而导致滑坡下滑力增大。另外，坡体上部雨水渗入岩层，产生渗透水压力，岩体抗剪强度进一步降低，滑坡自身抗滑力减小。加之滑坡前缘斩坡修路、切坡建房致使原始斜坡上部临空，坡脚失去支撑，且未采取有效挡护，最终在滑体自身重力和持续强降雨综合作用下发生了滑坡（图 1）。

图1 滑坡全貌

3 监测预警及避险防控

该滑坡属于在册地质灾害隐患点，且安装有普适型监测设备。2023年5月29日至6月1日，普适型监测设备达到预警值，多次发送预警短信。监测设备预警人员接到预警消息提示后，立即对普适型监测设备变形数据进行分析；染房村村委会立即安排群测群防员赶赴现场核查，核查后发现地表有裂缝且局部已有滑塌等迹象。监测设备预警人员和群测群防员沟通后，初步判定该滑坡发生整体滑动的可能性大，随即将这一情况上报村镇。村镇干部按照险情应急响应工作机制，组织受威胁的7户35人避险撤离，并落实危险区管控与监测处置措施。6月2日12时55分左右，滑坡体发生大规模滑动，造成道路中断，居民房屋外侧楼梯、厂棚和坡脚挡墙不同程度受损，2台监测设备损毁，因提前组织群众撤离，未造成人员伤亡。

灾害发生后，麻柳镇政府组织对该滑坡区域进行封闭，设立警示牌、警戒线，避免过往行人及车辆误入。撤离并安置受威胁群众，对撤离住户房屋进行了“两把锁”管理。安排专人进行巡查监测，监督住户不得返回居住。联合平战结合技术支撑单位开展应急调查、指导村镇应急处置。

4 经验与启示

普适型监测设备出现数据异常，技术人员核查研判，人机结合及时发出预警，实现成功避险，充分显示了地质灾害隐患点人机结合监测预警的重要性。在日常地质灾害防治工作中，按照“发现隐患、监测隐患、发出预警、果断撤离”的地质灾害防治全链条闭环管理模式，加强巡查排查及监测设备运行维护，发现临灾征兆果断撤离，切实保障人民群众生命财产安全。

湖南溆浦"6·16"红岩村2组滑坡避险

1 灾情概况

2023年6月16日11时15分，湖南省怀化市溆浦县龙潭镇红岩村2组居民屋后发生滑坡，造成下方两户居民房屋倒塌，因群测群防员提前7分钟发现变形迹象，受威胁4户14人紧急撤离，本次滑坡未造成人员伤亡。

2 基本特征

2.1 地质环境条件

滑坡区属于侵入构造低山地貌，地势东西高中间低，地形地势起伏较小，植被以水田、灌木为主。原始地形坡度15°~45°不等。地层岩性由上至下为第四系残坡积层粉土及碎石土、三叠纪细粒黑云母二长花岗岩。根据区域地质资料，滑坡区内断层、褶皱不发育，地质构造简单。地下水类型主要为孔隙水及基岩裂隙水，滑坡中部坡脚发育有沼泽地，为接触下降泉，流量小于0.1L/s，富水性弱。

2.2 灾害地质特征

滑坡坡面呈阶梯状，阶梯高0.5~1.2m，宽1~6m，后缘至斜坡中上部、前缘为水田及房屋。滑坡体平面形态呈长舌状，主滑方向为265°，滑体物质主要为粉土及全风化花岗岩。滑坡体长约40m，宽约25m，平均厚约4m，滑动体积约4000m^3，为土质滑坡。推测滑动面为土岩接触面，接触面产状为265°∠35°。出露岩性主要为花岗岩，呈黄褐色、灰褐色，全风化，散体状结构，厚度1~8m不等，在坡脚及公路切坡、房屋切坡处出露（图1）。

2.3 成因分析

该滑坡坡度较陡，地表土成分主要为粉土，混全风化花岗岩，散体状结构，极破碎，岩体工程地质条件差。区内人类活动中等，主要为修建房屋、切坡修路、梯土种植金银花、种植水田及修筑灌溉水渠，坡脚土体经水田中的水长期浸泡后软化，坡体上部水沟有水渗入坡内，使土体抗剪强度大大降低，从而使抗滑力减小，下滑力增大，从而诱发滑坡。

图1　滑坡全貌

3　监测预警及避险防控

滑坡发生前，当地组织开展雨后巡排查工作时发现坡体上方出现多条拉张裂缝，长短不一，且局部地段出现下沉，泸定县自然资源局要求当地人民政府安排专人进行监测，并对村地质灾害负责人员及周边居住村民进行了地质灾害防治知识宣讲。

2023年6月16日11时08分，群测群防员发现红岩村二组三户居民屋后坡体上部出现裂缝并且伴有杂响声，屋后井内水位不断下降，随时有塌方的风险，立即通知坡体下方受威胁4户14人撤离。11时15分，受威胁人员刚撤离至安全区域，滑坡发生，造成下方两户居民房屋倒塌，并影响下方公路通行，直接经济损失约20万元。

4　经验与启示

在地质灾害易发区的防灾减灾中，汛前排查、汛中巡查、汛后核查是动态发现地质灾害的较好手段，宣传教育、灾前气象预警等是地质灾害避险的重要基础。现场监测排查人员是重要的信息员。同时提醒我们，地质灾害防治对象不仅仅是现有地质灾害在册隐患点，更多的是在极端天气下出现于我们人为活动较密集的风险性较高的斜坡地带。

四川泸定“6·26”雨洒坪泥石流避险

1 灾情概况

2023 年 6 月 26 日 21 时 50 分，四川省甘孜藏族自治州泸定县得妥镇发旺村二组雨洒坪因强降雨天气发生泥石流灾害，造成直接经济损失 1014 万元。因当地提前疏散转移群众，避免了 22 户 106 人可能因灾伤亡。

2 基本特征

2.1 地质环境条件

雨洒坪泥石流流域整体呈“Y”字形，沟域汇水面积约 $62km^2$。流域位于扬子陆块区与羌塘-三江造山系的交结部位附近，为鲜水河地震带、安宁河地震带及龙门山地震带交汇部位。自元古宙以来，经历了晋宁运动、澄江运动、喜马拉雅运动等多期次构造运动，芦山地震、泸定地震等多次地震对本区的波及和影响较大。该区地震基本烈度为Ⅸ度，地震峰值加速度为 0.40g，动加速度反应谱特征周期为 0.45s。

2.2 灾害地质特征

雨洒坪泥石流属于在册隐患点，位于得妥镇发旺村一组，威胁沿沟分布的邓家堡子、村部安置区、学校等 101 户 310 人生命财产安全。

流域左侧沟道为深沟，流域面积 $9.6km^2$，沟长约 7.35km，沟道平均纵坡降 163‰；右侧沟道为直厂沟，流域面积 $7.2km^2$，沟长约 8.5km，沟道平均纵坡降 129‰。二者于山前平缓区汇集后流入上坝沟，上坝沟原沟道深 5~6m，宽约 20m。再经干沟汇入后最终流入雨洒河内。流域内植被覆盖度较高，达 70%以上，主要以乔木为主；整个流域呈漏斗状，山洪泥石流产流、汇流条件较好。受区域构造、山体岩性及芦山地震、康定地震、泸定地震等多次地震影响，加之人类活动影响，沟域坡面侵蚀物源、崩滑堆积物源及沟道堆积物源丰富，汛期经常暴发泥石流，2016 年暴发过较大泥石流，但未漫出上坝沟，2000 年左右发生过与本次类似的泥石流。

本次因雨洒坪上游山区降雨历时短、强度大、局部集中，诱发了直厂沟、深沟同步暴发泥石流。直厂沟泥石流流出沟口后集中刮铲沟道，下切冲刷约 1.2~2m，携带大量固体堆积物在上坝沟沟道内淤积，淤积厚度 5~6m，沟道近乎被淤平，局部溢出；深沟泥石流流出其沟口后散开对冲，奔向原沟道右岸附近在建的养猪场、邓家堡子安置区，整体显现出改道的表象。两沟冲出的固体物质粒径大者约1~2m，堆积于沟道、漫滩，总方量约$22\times10^4m^3$。根据上游邓家堡子受灾房屋处泥痕、中下游已有防护堤处泥洪印记，估算洪峰流量约$150m^3/s$。

2023年是四川泸定6.8级地震后的第一个水文年，地震对坡体造成的损伤大而隐蔽，且坡体自身修复有时效性。虽然本次冲出固体物源量较大，但是由于沟源形成斜坡面积大、沟道长，坡面侵蚀、崩塌物源及沟道堆积物源尚有部分存在，加之汇水面积大、坡降较陡，不排除在降雨作用下再次暴发泥石流的可能性。

3 监测预警

该点为在册地灾隐患点，设置有两名监测员对隐患点进行监测预警，并制定避险转移“两张图”，设置了隐患点警示牌，并对预警信号、撤离路线、避险场所进行了明确。

6月26日16时，甘孜州气象局发布了甘孜州天气预报，17时，甘孜州地质灾害防治指挥部办公室发布了地质灾害风险预警，17时25分，镇值班干部接到泸定县自然资源、水利、应急管理局会商后联合发布的暴雨和地质灾害气象风险预警信息。接报后，值班干部按照得妥镇汛期暴雨预警信号接收传递和“叫醒叫应”工作办法，第一时间将预警信号传递到发旺村两委、村民组长、地质灾害监测员，要求务必加强地质灾害隐患点和地质灾害易发地段巡查排查工作，落实“三避让”“三个紧急撤离”的刚性要求。18时，发旺村党支部启动村级预警响应，监测员立即开展监测巡查。

4 避险防控

6月26日19时40分，雨洒坪泥石流监测人员发现雨洒河上游山上雨势特别大，而居住区无雨，立即将山上降雨情况上报村组。经村党支部综合研判，20时左右，按照“三个避让”“三个紧急撤离”的刚性要求，村两委立即组织受威胁群众转移。21时30分，101户310人全部转移至临时安置点进行安置。21时50分，泥石流暴发，因提前转移避让，成功避免了22户106人可能因灾伤亡。

该泥石流沟曾在2013年修建了防治工程，对下游村民居住地起到了防护作用，但因此次流域内两个支沟同时暴发泥石流，还是造成了上游岸坡比较高的地方22户105间农房受损，以及发旺村200余亩土地和水、电、路等基础设施不同程度损毁，直接经济损失达1014万元（图1）。

图 1　泥石流损毁房屋

5　经验与启示

泥石流隐患实施防护工程，能有效保护受威胁群众。本次灾害中，泥石流损毁房屋主要位于工程无法保护的上游岸坡区域。特殊迹象准确预警可为防灾避险提供依据。本案例中，地质灾害监测员对泥石流流域“上游山上下大雨、居住区无雨”这一特殊现象及时上报，为防灾避险节约了宝贵时间。

湖南沅陵“6·30”符家坪村泥石流避险

1 灾情概况

2023 年 6 月 30 日 6 时 13 分左右，湖南省怀化市沅陵县借母溪乡符家坪村 G241 国道北侧山体发生了坡面泥石流，该泥石流为非在册隐患点，因预警到位，3 户 15 人转移及时，未造成人员伤亡。

2 基本特征

2.1 灾害地质特征

该泥石流位于借母溪乡符家坪村，有两个沟道（顺国道由沅陵向张家界方向依次为沟道 1、沟道 2），沟道 1 地形坡度较陡，坡度一般 25°~45°，局部 60°，前缘宽约 40m，泥石流体厚度约 2~6m，平均厚度 4m，面积约 $8000m^2$，体积约 $3.2\times10^4m^3$，规模为中型；沟道 2 地形上陡下缓，上部坡度一般 30°~45°，局部 60°，中下部坡度约 15°~30°，前缘宽约 20m，泥石流体厚度约 1~2m，平均厚度 1.5m，面积约 $2000m^2$，体积约 $3000m^3$，规模等级为小型。

两泥石流均堵塞了国道 G241，堆积体前端已抵达深溪河中，堆积物质为粉质黏土与强风化泥质粉砂岩块石、碎石及树枝等。因沟道易于雨水汇集，为泥石流的产生提供有利的地形地貌条件，堆积体处于欠稳定状态，暴雨状态下有继续向深溪河下滑的迹象（图 1）。

图 1 泥石流全貌

2.2 成因分析

1）物质条件。该地区地层主要为粉质黏土和强烈至中等风化泥质粉砂岩岩块、碎石等，结构松散，利于雨水下渗，泥质粉砂岩遇水极易软化、崩解，为易滑易崩地层，为泥石流提供了物源。

2）地形条件。泥石流沟道 1 地形坡度较陡，沟道 2 地形上陡下缓，沟道易于雨水汇集，为泥石流的形成提供有利的地形地貌条件。

3）降雨因素。2023 年 6 月 30 日借母溪乡连续降雨时长达 6 个小时，最大时降雨强度达 83.2mm，6 小时雨量达 203.6mm。大量地表水下渗至坡体后，增加坡体上部土体的重度，同时使岩土体抗剪强度降低，最终导致泥石流暴发。

3 监测预警及避险防控

2023 年 6 月 30 日凌晨 1 时 50 分，怀化市气象局发布了沅陵县北部降雨红色预警预报，1 时 53 分，怀化市地质灾害防治工作领导小组办公室下达了怀化市地质灾害临灾避险人员转移指令，要求政府立即组织受地质灾害威胁的群众进行避灾转移，并严防人员返回造成二次伤害。

沅陵县自然资源局接到转移指令后第一时间向借母溪乡党委政府值班室转发了转移指令，并进行了实时调度，乡镇政府立即组织借母溪乡符家坪村及张家村隐患点、切坡建房户 3 户 15 人转移，并于 4 时 18 分转移安置到位。

6 时 13 分左右，符家坪村 G241 国道北侧山体发生了坡面泥石流，造成 G241 国道中断，冲毁滑坡下方猪圈一间（两头猪），损毁房屋一栋，因转移及时，未造成人员伤亡。

4 经验与启示

地质灾害防治对象不仅仅是现有地质灾害在册隐患点，更多的是在极端天气下出现于我们人为活动较密集的风险性较高的斜坡地带。沅陵县借母溪乡地质灾害多发易发，近年来，当地政府坚持隐患排查与避险转移，根据预警预报信息，及时组织受威胁群众转移，并严防人员返回造成二次伤害，扎实抓好了辖区地质灾害防治工作。

云南绿春“7·3”俄倮村滑坡避险

1 灾情概况

2023年7月3日9时许，云南省红河哈尼族彝族自治州绿春县平河镇咪霞村委会俄倮村北侧发生滑坡，导致农田及村道受损严重，因监测设备提前预警，受威胁17户48人紧急撤离，本次滑坡未造成人员伤亡。

2 基本特征

2.1 地质环境条件

俄倮村处于构造侵蚀低中山斜坡地貌区，总体地势为西北高东南低，坡向为330°，地形坡度一般为30°~40°，局部达50°，滑坡区地表出露地层主要为第四系残坡积层粉质黏土，其下为下志留统石英砂岩。

2.2 灾害地质特征

滑坡隐患点位于绿春县平河镇咪霞村委会俄倮村北侧边缘地段，高程1590~1650m。该滑坡周界清晰，滑坡周界基本贯通，总体呈圈椅状，滑坡地势南高北低，估算滑坡体积约$0.9\times10^4m^3$，滑坡前缘为进村道路及竹林地，后缘为俄倮村民房，西侧为林地。滑坡导致后缘水泥便道出现0.5~1.0m不算悬空，坡体中部局部发生滑动，形成滑坡陡坎，陡坎高约1.0~3.0m；滑体主要为表层残坡积层及基岩全风化层，推测滑动面总体为全风化软弱界面，局部为土岩接合面；滑床为下志留统石英砂岩。滑坡现状处于蠕动变形阶段，滑坡坡体前缘见明显滑坡堆积体，为小型浅层复合式滑坡（图1）。

2.3 成因分析

滑坡区地质条件脆弱，坡度较陡，坡体上分布大量第四系残坡积含碎石黏性土，结构松散，物理力学强度低。滑坡区内人类活动强烈，主要为修建道路形成临空卸荷，为滑坡的形成提供了有利条件。6月30日—7月3日当地持续性强降雨使滑坡区土体饱和，在地表水不断下渗冲刷下，岩土体软化形成软弱滑动面，坡体力学强度降低，导致滑坡发生。

图 1 滑坡全貌

3 监测预警

该滑坡 2019 年纳入隐患点进行管理，2023 年完成普适型监测预警建设点。监测设备安装后，2023 年汛期发出多次预警。

2023 年 6 月 28 日，滑坡监测设备发出蓝色预警。后驻县联乡人员立即与监测员进行联系核实，经监测员现场巡查，暂未发现滑坡变形迹象，降雨过程仍在持续，随即通知监测员加强巡查排查，发现滑坡变形时及时撤离受威胁人员并及时上报。

6 月 30 日 1 时 28 分 18 秒，滑坡监测设备再次发出蓝色预警。现场巡查暂未发现滑坡变形迹象。3 时 41 分 45 秒，触发黄色预警。现场巡查未发现滑坡变形迹象。7 月 1 日 3 时 42 分 22 秒，再次触发黄色预警。现场巡查，暂未发现滑坡变形迹象。但降雨过程仍在持续，后通知监测员加强巡查排查，发现滑坡变形时及时撤离受威胁人员并及时上报。

4 避险防控

7 月 2 日 3 时 43 分 41 秒，综合位移变形速率达到 130. 4mm/d，监测设备触发红色预警，滑坡仪触发黄色预警。由于该点预警频繁，驻县联乡技术人员前往现场进行核实，承建单位技术员随时关注该点设备监测是否出现异常突变，后经现场核查发现，该滑坡点后缘出现变形、拉裂和下挫现象，滑坡体现状处于不稳定状态，并及时将有关情况反馈至县、镇自然资源主管部门，平河镇人民政府于 7 月 2 日 16 时组织受威胁 15 户 42 人紧急撤离至平河镇。

7 月 3 日 4 时、7 时，该监测点滑坡仪先后触发黄色预警、红色预警，接收到预警信息后，相关技术人员、监测员及时到现场进行核查。经核查后，该滑坡范围、变形程度呈加剧扩大趋势，8时，再次将受威胁的2户6人紧急转移至平河镇。9时，滑坡发生，造成滑坡体后缘玉米地和中部进村道路受损严重。

5 经验与启示

地质灾害具有一定的滞后效应，需要持续关注坡体的变形情况。通过地质灾害技防设备与监测人员、防灾责任人有机结合，根据预警信息及时响应，持续开展巡排查，可构建起一道地质灾害防治工作由点到面的防治网。

四川木里“7·3”阴山沟泥石流避险

1 灾情概况

2023年7月3日19时45分左右，四川省凉山彝族自治州木里县倮波乡磨子沟村阴山组受上游突降暴雨影响，暴发泥石流灾害，12户50人被提前转移安置，本次泥石流未造成人员伤亡。

2 基本特征

2.1 地质环境条件

阴山沟泥石流发育于倮波乡磨子沟村村民聚集区后方山区，属于中山地貌，流域总面积约45km^2。流域内支沟较发育，沟域平面形态呈树叶状，面积约23.2km^2，地势西高东低。西侧最高海拔4250m，东侧最低海拔2360m，相对高差1890m，沟域主沟纵向长约5.4km，纵坡降400‰。主沟沟道整体为深“V”形，两侧大部分地段为较陡岸坡，岸坡坡度大于50°。

区内出露岩性有上三叠统图姆沟组板岩、变质砂岩夹少量灰岩，下二叠统变质砂岩、板岩、变质玄武岩、硅质板岩及第四系松散含碎石粉质黏土、卵石土、砂砾石层。本区地跨川滇巨型南北向构造带和康藏歹字型构造。流域内地下水可分为松散岩类孔隙水、基岩裂隙水两大类。区内地震活动虽不十分强烈，但经常受到北面理塘地震、南面盐源地震和水库诱发地震的影响。抗震设防烈度为Ⅷ度，设计基本地震加速度值为0.20g，反应谱特征周期0.45s。

2.2 灾害地质特征

阴山沟泥石流形成区起始于支沟交汇处，形成区和流通区面积约5.5km^2，泥石流堆积物沿沟谷两侧呈条带状分布，平面横向宽度8~15m，一次性冲出泥石流堆积物约3.6×10^{4}m^3，为水、泥沙、漂卵石混合物，夹杂树木，分选性差，杂乱无序，块碎石含量35%~50%，块径5~80cm不等，最大粒径达1.2m，岩性为变质玄武岩、变质砂岩、灰岩等（图1）。

阴山沟泥石流物源为流域内松散固体物质，主要是沟道堆积物源和少量沟岸崩滑物源两类。沟岸崩滑物源主要是沟岸受山洪泥石流不断冲刷、掏蚀，导致岸坡失稳而形成

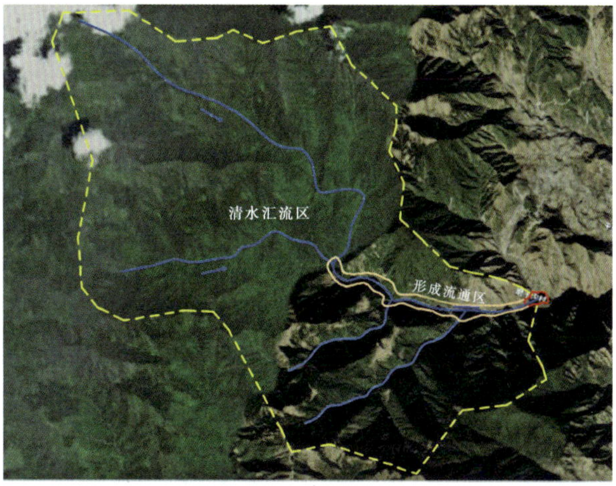

图 1　泥石流流域平面图

的，大多呈带状分布于主沟两侧，全流域共发育规模较大的典型沟岸崩滑物源 8 处，总量约 $6.2\times10^4m^3$，其中 $2.5\times10^4m^3$ 稳定性较差。

沟道堆积物源主要是指堆积于沟道内的冲-洪积物、泥石流堆积物等，广泛分布于主沟沟道中下部人类活动区，主要由（漂）块石混砂砾石组成，分布长度约 5.4km，平均宽度约 8~20m，平均堆积厚度为 2~5m，总量约 $40.5\times10^4m^3$。

2.3　成因分析

阴山沟流域面积大，主沟道纵比降较大，支沟发育，山高坡陡，山洪产流汇流条件较好，7 月 13 日 19 时至 4 日 8 时，该区域累计降水量达到 57.2mm，最大小时雨强 8.6mm。强降雨形成高含砂水流，水流在行进过程中，强烈掏蚀沟岸和侵蚀沟床，继而形成泥石流。随着泥石流固体物质继续增加，泥石流规模进一步增大，由于泥石流携带大量木头和石块，在局部狭窄沟段卡口发生堵塞，形成树枝坝，溃决后泥石流流量瞬间陡增，形成规模性灾害性泥石流，最后在宽敞平坝处淤积停留。

3　监测预警

该泥石流沟近年来每年暴雨季节均有小规模的泥石流暴发，当地政府落实防灾责任和各项措施。

2023 年 7 月 3 日 17 时 11 分—18 时 46 分，针对木里县 10 个乡镇，包括倮波乡在内，当地持续发布地灾气象风险黄色预警 3 次。根据预警信息，当地要求各乡镇、水电站、在建工程人员及隐患点监测员密切关注气象部门短临预报，严格按照“三单四图、三长两员”等有关要求，严格执行“三避让”“三个紧急撤离”刚性要求，加强隐患点巡排查。接到预警提示后，倮波乡人民政府要求立即组织隐患点威胁群众撤离。

4 避险防控

7月3日18时54分，倮波乡磨子沟村阴山组阴山沟上游的卡拉乡开始强降雨，倮波乡人民政府要求磨子沟村阴山组监测员加强监测巡查和撤离避险。监测员在开展雨中巡查时发现沟道水位迅速上涨，便立即通过敲锣、喊话、敲门等方式，快速组织受威胁农户撤离。19时左右，受威胁农户12户50人撤离避让至安置点。19时40分，倮波乡开始下雨，19时45分左右，阴山沟2个泥石流隐患点暴发泥石流，造成农户7户18间房屋不同程度受损，道路、农田、桥梁、经济林地等严重受损，直接损失约830万元(图2)。因威胁区内所有群众提前转移，避免了7户26人可能因灾伤亡。

图2 泥石流损毁房屋

5 经验与启示

木里县群测群防网络体系完善，发放“一表两卡”，落实监测责任人及专职监测人员，制定应急预案，开展地质灾害防治知识宣传培训，逐点开展避险演练，让群众、干部知道地质灾害发生时的预警信号是什么、撤离路线怎么跑、避险场所在哪里，关键时刻挽救了人民生命。

湖北建始“7·4”长梁镇滑坡避险

1 灾情概况

2023年7月4日，受极端强降雨影响，湖北省恩施土家族苗族自治州建始县长梁镇罗家嘴村9组金家湾、天生社区6组朱家湾和罗家嘴村12组常家坡各发生1起中型滑坡，共造成6栋房屋损毁。因17户64人被提前撤离，未造成人员伤亡。

2 基本特征

2.1 地质环境条件

建始县长梁镇天生片区3起山体滑坡分别为金家湾滑坡、常家坡滑坡、朱家湾滑坡。金家湾滑坡、常家坡滑坡出露地层由新至老主要为第四系及泥盆系、志留系，朱家湾滑坡区域出露地层由新至老主要为第四系及奥陶系。3处滑坡分别位于火龙河的南北两侧，直线距离约700m，火龙河为区内主要的地表水系，发育方向大致为南东向，宽度约6~18m，坡降较缓，约80‰，河内常年有水，具山区冲沟汇水暴涨暴跌的特点，流量变化较大，区内另有多条小型冲沟与该冲沟相接，但均为季节性冲沟。

2.2 灾害地质特征

（1）金家湾滑坡

滑坡所在斜坡位于南东向展布的岭脊北侧，两侧分别以与两侧山脊下方形成的冲沟为界，坡顶直达山顶，坡脚前缘抵抱龙河河谷，坡顶高程860m，坡脚高程500m，高差360m，坡度一般5°~55°。剖面形态呈折线形，上部较陡，坡面植被发育；下部较缓，已被开发成居民区，S465省道在前缘穿过。金家湾滑坡位于斜坡中下部，地形南西高、北东低，总体坡向28°，坡度约20°。

该滑坡平面形态呈类长舌形，主滑方向58°，前后缘高差约60m，宽25~30m，斜长约100m，滑体厚1~6m，方量约$1.1\times10^4m^3$，为小型浅层土质滑坡。滑体主要为残坡积黏性土夹碎石，碎石成分主要为砂质页岩，滑带推测为土岩界面，滑床为志留系砂质页岩，岩层产状310°∠11°。滑坡区为山体斜坡负地形，为该区域内山体地表水主要汇积径流区。受极端强降雨影响，斜坡土体受山洪冲刷发生滑坡，滑体主要堆积在前缘冲沟中，而后受山洪冲刷形成泥石流，泥石流顺冲沟而下至沟口附近建筑处止，造成2栋房屋和1个小型养猪场损毁，6栋房屋不同程度受损（图1）。

图 1 金家湾滑坡航拍全貌

（2）常家坡滑坡

滑坡所在斜坡左侧以一展布方向为南东向的山脊为界、右侧以一发育方向为南东向的冲沟为界，坡顶直至山顶，坡脚前缘抵抱龙河河谷，斜坡坡顶高程约 1200m，坡脚高程约 635m，坡度一般 20°～45°。剖面形态呈折线形，上部较陡，坡面植被发育良好；下部较缓，局部宽缓处被人为改造为阶梯状农田，乡级公路曹东线穿过区内。常家坡滑坡位于该斜坡中下部西侧、东侧，地形北东高、南西低，总体坡向 222°～234°，坡度约 26°，滑坡前缘为曹东线，曹东线下部滑坡堆积区地形略缓，总体坡度约 18°。

滑坡平面形态呈长舌形，宽 35～50m，长约 200m，滑体厚 1～6m，方量约 $2.4\times10^4m^3$，为小型浅层土质滑坡，主滑方向 214°。滑体主要为残坡积黏性土夹碎石，碎石成分主要为砂质页岩，滑带推测为土岩界面，滑床为志留系砂质页岩，岩层产状 12°∠24°。滑坡区为山体斜坡负地形，为该区域内山体地表水主要汇积径流区。受极端强降雨影响，斜坡土体受山洪冲刷发生滑坡，滑体主要堆积在前缘，受山洪冲刷后形成泥石流，泥石流顺坡而下至山脚冲沟处止。

滑坡发生时造成滑坡前缘 1 栋 3 层房屋直接损毁，随后发生的泥石流造成 2 栋房屋直接损毁、2 栋房屋不同程度受损（图 2）。

（3）牛家湾滑坡

该滑坡位于近南东向的山脊斜坡处，后缘位于斜坡中部，高程约 805m，前缘位于 S465 省道，高程约 765m，坡度一般 20°～45°。剖面形态呈折线形，上部较陡，坡面植被发育良好；下部较缓，局部宽缓处被人为改造为阶梯状农田。

滑坡平面形态呈撮箕形，主滑方向 128°，宽 20～70m，斜长约 240m，滑体厚 0.5～5m，方量约 $3.0\times10^4m^3$，为小型浅层土质滑坡。滑体主要为残坡积黏性土夹碎石，碎石成分主要为灰岩，滑带推测为土岩界面，滑床为寒武系灰岩，岩层产状 323°∠24°。滑坡区为陡斜坡地形，地表水从高往低径流。受极端强降雨影响，斜坡土体受雨水冲刷发生滑坡，滑体主要堆积在前缘，受山洪冲刷后形成泥石流，泥石流顺坡而下至下部缓坡处止。

图2 常家坡滑坡航拍全貌

滑坡发生时造成滑坡前缘1栋房屋损毁、3栋房屋受损、省道天二公路（天生至巫山）中断（图3）。

图3 朱家湾滑坡航拍全貌

2.3 成因分析

滑坡区为山体斜坡负地形且地形坡度相对较陡、高差大，上侧汇水面积较大，极端强降雨时，滑坡区径流水量大，冲刷力强，加之滑坡区土体厚度相对较大，工程地质性质差，抗冲刷力弱，容易诱发滑坡，滑体又在山洪冲刷作用下易发生泥石流。本轮极端强降雨是本次滑坡的主要诱因。

3 监测预警

建始县地处鄂西南近东西向展布的褶皱山地，地形起伏，地质条件复杂，是地质灾害高发地区。长梁镇天生片区属地质灾害高易发区，位于地质灾害极高危险区域。

7月3日11时21分、20时32分、21时1分，湖北省自然资源厅、恩施土家族苗族自治州自然资源和规划局、湖北省地质局第二地质大队地质灾害气象预警等部门多次向建始县发布地质灾害气象风险预警信息，建始县自然资源和规划局第一时间组织相关人员，并发动群众开展地质灾害隐患排查和处置工作，要求长梁镇国土所、村委会、监测员、地质灾害“四位一体”网格员做好地质灾害防范工作，做好强降雨地质灾害防范工作，并对预警区域内的地质隐患点威胁区域群众进行了紧急临时避险转移。

4 避险防控

7 月 4 日 4 时 43 分，恩施土家族苗族自治州气象台发布暴雨红色预警，同时根据实况雨量监测数据显示，长梁镇天生站 5 小时内降水量达 295. 7mm、火龙站降水量 218. 5mm，大大超过警戒雨量，州县应急响应指挥部及时发出指示，长梁镇自然资源管理部门组织相关人员再次进行巡排查，5 时，降雨开始增大，3 处滑坡所在区域村民反馈听到异响，接到反馈信息后，现场相关人员立即组织受威胁的人员快速转移到预定的避险点。

7 月 4 日 5 时多，长梁镇驻天生桥社区第一书记紧急叫醒天生社区六组朱家湾一名住户转移，不到半小时，朱家湾滑坡发生下滑，将转移住户房屋全部推倒，无人伤亡。

6 时许，罗家嘴村九组金家湾发生滑坡泥石流，3 户房屋被冲毁，早已接到敲门预警的村民全部撤离，无人伤亡。

8 时 2 分，罗家嘴村十二组常家坡滑坡约 $2.0\times10^4m^3$ 的土石体从半山腰冲泻而下，3 户房屋全部掩埋，17 人在 10 余分钟前全部撤离，无人伤亡。

3 起滑坡共造成 6 栋房屋损毁，11 栋房屋受损，受直接威胁的 17 户 64 人成功避险。

灾害发生后，建始县人民政府立即组织相关部门赶赴现场进行应急救援，自然资源部门和湖北省地质局第二地质大队技术人员赶赴现场进行应急处置，设置警戒线，划定威胁区，对人员进行疏散安置，应急管理局统计受灾群众人数，进行选址，设置临时帐篷并发放救灾物资，公路部门对堵塞损毁公路进行抢修，确保救灾路线畅通。

5 经验与启示

自然资源管理部门在收到预警信息后，迅速响应，要求各乡镇自然资源部门和地质灾害“四位一体”网格员做好地质灾害防范工作。长梁镇自然资源部门第一时间组织村干部、尖刀班、监测员，并发动群众开展地质灾害隐患排查和处置工作，及时转移受威胁的群众，最终确保了灾害发生时无人员伤亡。

重庆万州“7·4”杨花池滑坡避险

1 灾情概况

2023年7月4日6时许，受短时特大暴雨影响，重庆市万州区长滩镇沙滩村8组杨花池斜坡顶部发生大面积滑坡，掩埋7栋房屋、约200m村道。因提前预警并组织避险转移，避免了20户79人可能因灾伤亡。

2 基本特征

2.1 地质环境条件

滑坡区属低山地貌区，地形南高北低。坡向350°，坡度30°~35°，岩层倾角一般30°~35°，但整体小于地形坡角，斜坡整体呈顺向临空结构。滑坡区位于方斗山背斜北翼，下伏岩层产状为350°∠30°~35°，坡面与岩层倾向基本一致成顺向坡。下伏地层为下侏罗统自流井组，岩性主要为互层状的砂岩、粉砂岩、泥岩、页岩，为软硬相间的岩体物质，岩体内部存在软弱层面。地下水以松散土体孔隙水及基岩裂隙水形式存在，受大气降雨渗透补给。强降雨短时性地下水较多，遇干旱天气地下水贫乏。

2.2 灾害地质特征

滑坡分为5个区，分别为已滑塌A区、潜在滑塌B区、潜在滑塌C区、碎屑堆积D区、泥石流流通E区。

已滑塌A区：滑塌区平面形态呈矩形，已滑塌区横宽约90m，纵长约180m，面积约$1.62\times10^4m^3$，平均厚度约5m，体积约$8.1\times10^4m^3$，滑动方向354°，目前A区已滑移向下产生刮产及堆积挤压，仅坡体局部存在部分残留体，残留体体积约$0.8\times10^4m^3$。

潜在滑塌B区：平面形态呈长条形，横宽约35m，纵长约110m，面积约$0.38\times10^4m^3$，厚度为2~8m，平均厚度约5m，体积约$1.9\times10^4m^3$，潜在滑动方向354°。

潜在滑塌C区：受后缘山脊线影响，平面形态呈三角形，横宽约60m，纵长约80m，面积约$0.48\times10^4m^3$，厚度为2~8m，平均厚度约5m，体积约$2.4\times10^4m^3$，潜在滑动方向354°。

碎屑堆积D区：滑塌区下部陡坡岩土体受上部已滑塌体堆积挤压后产生刮铲，同时受降雨影响并向下扩散堆积。初步估计堆积范围横宽约140m，纵长约360m，上部已滑塌区堆积叠加原始斜坡上的堆积体，下部碎屑堆积区土体厚度1~7m不等，平均厚度约

5m，体积约 $25.2\times10^4m^3$。

泥石流流通 E 区：碎屑堆积 D 区受降雨影响并向下扩散堆积，受地形制约向两侧冲沟发散，两侧冲沟形成次生泥石流流通堆积区，延伸向下直到下部磨刀溪。

初步预计滑坡总体积约 $30.3\times10^4m^3$，上部为顺向岩质滑坡，中部为碎屑堆积挤压的土质滑坡，下部为泥石流的复合型地质灾害链（图 1）。

图 1　杨花池滑坡全貌

2.3　成因分析

滑坡区位于方斗山背斜北翼，地面与岩层倾向基本一致，成顺向，地形坡度为 20°~40°，斜坡较陡，为滑坡形成及堆积提供了地形条件。调查区岩层产状 350°∠25°，呈上缓下陡的折线状特征，岩体内部存在软弱层面，遇水易滑，加之剪出口附近有较高陡坎，为滑坡提供了良好的临空条件。6 月以来，长滩镇连续遭遇强降雨天气过程，土体已达饱和，特别是 7 月 4 日强降雨超历史极值，在强降雨的冲刷和软化作用及重力作用下，岩土体抗剪强度降低，自重下滑力增大，静水压力大，抗滑力减小，导致滑坡沿滑面滑动破坏。

3　监测预警

2023 年 7 月 1 日 9 时至 4 日 6 时，万州区气象局共发布重要气象信息专报 2 期、气象预警信号 5 期（暴雨黄色 2 期、橙色 1 期、红色 1 期，雷电黄色 1 期），临近天气预报 8 期，每日气象要讯 5 期，地质灾害、中小河流、山洪灾害、城乡积涝等气象风险预警 1 期，雨情通报 3 期，地质灾害气象风险等级预报 3 期，并通过预警信息发布平台面向驻守地质队员、群防群测员、村社地防员、行政区域责任人、村（社）相关人员、敏感单位责任人等应急责任人累计发布气象预警短信36条、25.5万条次。万州区规划和自然资源局、万州区应急局及时将预警信息通过工作联系群传达至各镇乡（街道）、各行业部门。长滩镇人民政府及时将预警信息传达、转发至辖区村组干部、地质灾害网格人员，并通过电话提醒落实叫应机制、加强防范应对。

4 避险防控

7月4日凌晨，万州区长滩镇遭遇强降雨天气过程，沙滩村地防员组织驻村队员和村干部对全村7处滑坡隐患点进行全覆盖排查，通知群众转移避险。5时13分，沙滩村8组杨花池村民通过电话，向村地防员反映其住房进水严重，地防员在接到该情况后，立即通知村组长，逐户“叫应”并通知该区域人员转移至安全地带。6时许，杨花池发生大面积滑坡，体积约$26\times10^4m^3$，掩埋房屋，因及时转移20户79人，避免了人员伤亡。

滑坡发生后，长滩镇人民政府组织开展现场调查处置并布设专业监测设备，将受滑坡影响的沙滩村7组、8组47户共130人撤离避险，并开展后续安置等工作。

5 经验与启示

当地在地质灾害高易发区、高风险区的村社或社区、企业、学校等，建立地质灾害防治员制度。基层地质灾害工作人员业务能力及群众防灾避险意识和自救互救能力提升，滑坡发生前，地防员根据天气情况预判，及时组织开展了覆盖全村7处隐患区的排查工作。在持续的排险过程中，受威胁群众能根据房屋进水情况判断危险并上报，为发现灾害、快速避险赢得了宝贵时间。

江西彭泽“7·18”镜子山滑坡避险

1　灾情概况

2023年7月18日，江西省九江市彭泽县龙城镇沿江社区镜子山一居民屋后发生滑坡，体积约30m^3。因监测员巡查发现变形迹象，立即通知受威胁的2户5人提前撤离，本次滑坡未造成人员伤亡。

2　基本特征

2.1　地质环境条件

滑坡区地处丘陵地貌区，出露地层为二叠系茅口组灰岩和第四系残坡积层。区内无常年流水的地表径流，仅在强降雨期山坡坡面和坡脚有短时径流。地下水类型主要有松散岩类孔隙水、岩溶水等两类。

2.2　灾害地质特征

滑坡区山顶标高147.10m，坡脚标高30m，相对高差117.10m，坡体整体地势呈南高北低，自然斜坡坡度约30°。坡面植被较发育，植被覆盖率约70%。坡脚存在人工切坡，切坡高度4m，宽约15m，切坡坡度80°~85°，坡脚修建有简易浆砌块石挡墙。

滑坡体长约5m，宽约6m，厚约1m，体积约30m^3，主要成分为第四系残坡积层含碎石粉质黏土。滑坡导致切坡上方树木倒塌，挡墙部分被冲毁，残余坡体稳定性差，处于不稳定状态，潜在隐患体规模约300m^3，直接威胁坡脚住户2户5人安全（图1，图2）。

图1　房屋受损情况

图2　坡脚堆积体

2.3 成因分析

滑坡区斜坡坡度较陡，地表覆盖第四系残坡积层含碎石粉质黏土，土层厚度不均，土体遇水易软化膨胀。坡脚修建住房形成人工开挖边坡，改变了原始地形地貌，形成临空面，破坏了原始山坡应力平衡状态，且坡脚修筑简易挡墙未进行合理维护，坡体排水不畅，致使坡体水压力过大。前期持续降雨导致残坡积层土体软化膨胀，降低了土体抗剪强度，坡体含水量增加，自重增大，加大了滑坡下滑力，最终导致滑坡发生。

3 监测预警及避险防控

7月份开始，江西省各地均出现不同程度降雨过程，江西省自然资源厅联合江西省气象局共同发布省级地质灾害气象风险预警信息。各级地质灾害防治主管部门迅速将预警信息传达至地质灾害隐患点专职监测员，并安排村干部深入各村开展群测群防工作。

7月17日19时，隐患点监测员对滑坡隐患点进行巡查过程中发现，该户主屋后块石挡墙上方的树木歪斜，树根下有土松动的现象，立即通知坡脚2户5人撤离。18日发生滑坡，滑坡体方量约30m^3，滑坡导致切坡上方树木倒塌，挡墙被冲毁，房屋被损毁。

4 经验与启示

各级防灾责任人应进一步加强对地质灾害隐患点的巡排查工作，及时发现可能出现的地质灾害隐患，并迅速撤离受威胁群众。本次成功避险再次说明，在目前专业监测技术不断完善的过程中，加强巡查、排查和及时准确撤离，仍是避免地质灾害导致人员伤亡和财产损失的有效手段。

甘肃渭源“7·18”东坪社滑坡避险

1　灾情概况

2023年7月18日16时20分，甘肃省定西市渭源县大安乡潘家湾村东坪社北侧斜坡发生滑坡。由于预警及时，市、县、乡各级部门反应迅速，及时转移受威胁的13户24人，有效避免了人员伤亡。

2　基本特征

2.1　地质环境条件

东坪社滑坡位于大安沟右岸斜坡中上部，地貌类型属黄土丘陵，地势总体东北高西南低，地形切割强烈，坡顶海拔2320m，坡脚海拔2180m，相对高差达140m，平均坡度约40°。受地表水长期冲刷影响，坡面较为凌乱，“V”形冲沟发育。

滑坡区出露地层主要为黄土和泥岩。马兰黄土披覆于斜坡上部，土质疏松，结构松散；下伏地层为新近系砂质泥岩，砖红色，产状近水平。地下水类型主要为黄土潜水及碎屑岩类孔隙裂隙水。人类工程活动以陡坡耕植、削坡修路、建房为主。

2.2　灾害地质特征

该滑坡为一推移式黄土红层切层滑坡。按照滑坡形态和特征，可分为H1、H2、H3等3个滑坡。滑坡平面形态总体呈簸箕状，长约120m，宽约800m，平均厚度约15m，前后缘高差70~100m，滑向170°，坡度16°~20°，平面面积约$9.06\times10^4m^2$，体积约$162\times10^4m^3$，规模为大型。滑坡在后缘拉裂形成高10~12m、坡度近直立的高陡后壁。滑坡堆积体物质组成为后部以黄土为主，局部夹杂泥岩碎屑，中下部及前缘以黄土、砂质泥岩碎屑混杂体为主，土体潮湿。滑带土上部以黄土为主，下部为黄土、泥岩碎屑混杂体，土体软塑；滑床为老滑坡堆积体，成分为黄土及泥岩团块混杂体，较为致密。受后部滑体逐级传递应力、刮产、挤压下部土体影响，滑体中后部发育两级反坡平台，平台上部鼓胀裂缝广泛分布，前缘舌部已分散呈块状，堆积于下部平台上部。根据滑动前后影像图对比分析，滑坡前缘最远滑动距离约35m（图1）。

2.3　成因分析

经现场调查分析，此次滑坡灾害的形成主要受以下因素控制和影响。

图 1　东坪社滑坡平面图

（1）地形地貌

滑坡体所在斜坡高约 100m，宽约 1000m，坡度约 40°，坡体受工程建设影响，下部形成高 5~10m、坡度约 70°的临空面。这种前缘开阔、后缘高陡的地形为滑坡提供了有利的临空条件。

（2）地层岩性

滑坡体主要物质组成为黄土和砂质泥岩。上部黄土孔隙发育，结构松散，垂直节理发育，具湿陷性，遇水易崩解。基底砂质泥岩表层风化破碎，遇水易软化，属易滑地层。

（3）降雨

据雨量监测资料，2023 年 7 月 10—18 日大安乡单日最大降水量 26.0mm（7 月 11 日），累计降水量 56.8mm。连续强降雨使大量雨水沿后缘裂缝灌入，坡体含水量剧增，自重加大，土体抗剪强度降低，致使斜坡失稳破坏。

（4）人类工程活动

据访问，受前缘公路修建削坡影响，滑坡形成一定的临空面，改变了滑坡区地形条件，加剧了斜坡变形。后缘人工梯田造成局部汇水条件改变，落水洞发育，为降水进入坡体提供了优势通道，不利于斜坡稳定。

综上，此次滑坡灾害的发生是斜坡累进性变形破坏的必然结果。削坡修路形成的临空面和易滑地层为滑坡灾害的发生奠定了基础，坡体落水洞发育为地表水的入渗提供了优势通道，在强降雨影响下，最终导致斜坡发生滑动。

3　监测预警

为应对汛期地质灾害防范工作，大安乡政府自汛期以来，对辖区内网格员、地质灾害群测群防员开展了多轮培训，对全镇居民开展了地质灾害防灾减灾知识宣讲。实现了镇、村、社三级干部培训全覆盖，提升了全民防灾减灾意识和避险自救能力。

2023 年 7 月 17—18 日，大安乡境内出现短时强降雨。7 月 18 日 12 时，甘肃省自然资源厅发布省级地质灾害气象风险黄色预警专报（第 18 期），预测 24 小时内，定西市陇西县、渭源县、临洮县、漳县、岷县，因气象因素导致地质灾害发生的风险较高（黄色预警）。收到预警信息后，定西市自然资源局立即转发至定西市地质灾害预警信息发布群，要求黄色预警县（区）做好各项地质灾害防范工作。渭源县自然资源局接到预警消息后，立即通知乡（镇）政府、群测群防员和驻守技术支撑单位要加强巡查排查，要求一旦发生险情，立即组织受威胁人员避险撤离。

4 避险防控

7 月 18 日 15 时，乡镇网格员在雨后巡查核查时，发现北侧宋家梁头山体发育裂缝，长约 1km，立即敲锣预警并电话告知村级信息员，信息员立即电话上报大安乡政府，乡政府随即上报渭源县自然资源局，同时立即组织群众撤离。县政府、县自然资源局、县应急管理局等有关部门主要负责人及时赶赴现场会同技术支撑单位初步估算滑坡规模并划定危险区范围，设定警戒执勤点，指导和帮助群众撤离威胁区，共撤离威胁群众 13 户 24 人，并安排专人对斜坡体进行 24 小时监测预警，密切关注坡体动态。

16 时 20 分，斜坡整体滑动，由于预警及时，人员撤离有序，此次滑坡未造成人员伤亡。

滑坡发生后，当地开展应急处置技术支撑工作，第一时间查明滑坡基本特征，分析成因，研判滑坡发展趋势，划定危险区，提出防治措施建议。

5 经验与启示

本次成功避险，以省、市、县三级自然资源部门针对短时强降雨等天气，及时组织专家加强会商，滚动开展监测预警，发布精细化气象风险预警信息为先导，基层网格员收到预警信息后严格执行预警响应工作要求，严格落实汛期“三查”和信息速报制度。地方政府响应迅速，果断启动应急预案，快速组织危险区内群众紧急避险。驻守单位靠前支撑，发挥技术优势，快速科学研判滑坡发展趋势。在部门联动、上下互动科学有效的防灾机制下，最终实现成功避险，有力保障了人民群众的生命财产安全。

浙江苍南“7·27”上村村滑坡避险

1 灾情概况

2023年7月26—27日，浙江省苍南县莒溪镇遭受特大暴雨侵袭，27日3时许，苍南县莒溪镇上村村420号等房屋后边坡发生滑坡，方量约30m³，造成下方房屋受损。由于预警及时，人员提前撤离，避免了8人可能因灾伤亡。

2 基本特征

2.1 灾害地质特征

滑坡发生区域属低山地貌，自然斜坡地形坡度15°~25°。斜坡植被覆盖率高，多为灌木、乔木。民房南西侧由于早期建房切坡形成挖方边坡，坡脚距房屋1~2m，高度5~8m，近直立。边坡上部为缓坡，坡面岩土体裸露。边坡上覆残坡积层，厚0.3~0.6m，岩性为含碎石粉质黏土，下伏全风化花岗斑岩，厚3~6m，呈砂土状，易破碎，含有少量强风化碎块石。其下强风化层呈镶嵌-碎裂状结构，岩体节理较发育，局部岩石较破碎。

滑坡平面形态呈不规则圈椅状，总方量约30m³，为小型土质滑坡，滑坡体堆积于坡脚，部分冲入房屋（图1，图2）。

图1 滑坡全貌

图 2　坡脚堆积体

2.2　成因分析

1）“杜苏芮”台风带来连日强降雨，边坡岩土体饱和，增加自重，降低抗剪强度，导致岩土体稳定性变差。

2）滑坡所在边坡坡度较陡，残坡积土厚度较大，结构松散，地质条件差；下伏全-强风化花岗岩，风化强烈，完整性差，地质条件较差，是发生滑坡的内在地质因素。

3）坡面高陡且岩土体裸露，未采取有效防护措施，致使山体斜坡原有的应力平衡发生改变，为滑坡的变形、失稳创造了有利条件。

3　监测预警

该滑坡不属于在册已知隐患点，亦不属于已知地质灾害风险防范区。浙江省自然资源厅根据前期降雨和预报降雨情况，7 月 26 日 18 时，对苍南县发布未来 24 小时地质灾害气象风险橙色预警（风险高），要求提前对高风险地区受威胁人员进行转移避险。

4　避险防控

根据预警研判结果，苍南县自然资源和规划局立即通知乡镇、村干部与群测群防员开展排查和人员转移工作。27 日 3 时，上村村书记和村群测群防员排查时发现上村村 420 号屋后山体上岩石滚落，紧急将受威胁的 8 人转移至避灾场所，随后该处边坡滑坡，造成下方房屋受损。由于预警及时，人员提前撤离，避免了 8 人可能因灾伤亡。

滑坡发生后，当地政府及时开展应急管控，采取设立警示牌、在危险区范围内设置警戒线等措施，防止无关人员进入，并落实专人监测，做好后续滑坡处置工作。

5 经验与启示

群测群防员通过及时响应预警信号，主动加强雨前雨后对房前屋后的扩面巡查，发现临灾前兆果断转移全部受威胁群众，有效避免了人员伤亡。基层的地质灾害防治坚持不折不扣地落实“三查”（雨前排查、雨中巡查、雨后核查）与“三个撤离”（提前撤、及时撤、果断撤）的要求，才能确保在第一时间发现风险隐患，在第一时间撤离避险。

云南盈江“7·28”贺宋村民小组泥石流避险

1　灾情概况

2023年7月28日9时50分左右，云南省德宏傣族景颇族自治州盈江县太平镇雪梨村贺宋村民小组发生泥石流地质灾害。因当地气象风险预警发布及巡查及时，提前转移59户164人，无人员因灾伤亡。

2　基本特征

2.1　地质环境条件

灾害区地貌单元属侵蚀构造地貌中切割中山陡坡地形，地势总体北高南低，西高东低，贺宋村民小组泥石流沟发育于北西侧山脉，冲沟上宽下窄，沟谷横剖面呈宽缓的“U”形，两岸谷坡较陡，谷坡坡度多大于30°；区内主要出露第四系冲积层、新近系半成岩及寒武系浅变质岩，岩土体结构松散，抗冲刷能力弱。该区地下水类型主要为松散岩类孔隙水、碎屑岩基岩裂隙水、变质岩基岩裂隙水，受汛期持续降雨影响，地下水丰富，岩土体处于饱和状态。

2.2　灾害地质特征

灾害区属地质灾害高风险区，泥石流沟道平面长2300m，相对高差500m，冲沟纵坡降约217‰。冲沟流域面积约1.96km^2，上游主要汇水面积约0.85 km^2。

该泥石流流域上游发育多处滑坡，规模不等，多呈长舌状，规模最大滑坡位于沟源部位，长约30m，宽10m，其余滑坡长10~15m，宽3~8m，厚1~2m。滑体物质主要为第四系残坡积粉质黏土，局部含全风化花岗质片麻岩。滑坡体堆土下方沟道引发泥石流灾害。泥石流沿沟道冲刷、侵蚀沟岸及沟床，造成位于沟道两侧的6处房屋损毁（图1，图2）。

2.3　成因分析

灾害点周边地形坡度多大于50°，坡脚冲沟发育。村寨位于侵蚀构造中切割中山陡坡地形区与河间宽地堆积地形区交汇部位。周边出露地层主要为第四系残坡积粉质黏土及全风化花岗质片麻岩，其中第四系残坡积粉质黏土受村民伐木耕种导致土质疏松、抗冲刷能力弱，全风化花岗质片麻岩风化强烈、多呈砂土状，为泥石流提供了物源条件。

图 1　贺宋村民小组泥石流全貌

图 2　泥石流冲毁道路及房屋

该地区前期已连续降雨约 1 个月，导致区内岩土体达到饱和状态，7 月 27—28 日连续降雨导致地表水汇集冲刷坡面、侵蚀沟床，最终引发泥石流灾害。

3　监测预警

雪梨村贺宋村民小组在此之前近百年来从未发生过山洪、泥石流灾害，因此之前未被列为地质灾害隐患点。盈江县在 2021 年被列为云南省地质灾害隐患点和风险区双控试点县，根据《盈江县地质灾害隐患点和风险区双控实施方案（试行）》，贺宋村民小组属于双控区之一，位于盈江县地质灾害高风险区，设置巡查组织员 1 名、巡查员 1 名，汛期已要求组织员、巡查员在岗在位。巡查组织员负责组织行政村域内各小组（自然村）巡查员对村民居住点的坡前、坡后、沟道开展巡查。

4 避险防控

2023 年 7 月 28 日上午，贺宋村民小组巡查组织员、巡查员在收到德宏傣族景颇族自治州气象台发布的暴雨红色预警信息后，及时对贺宋村及周边沟道进行巡查，发现降水量大、沟水浑浊，上游出现滑坡，并伴随轻微的声响。发现异常后，组织员、巡查员及时通过村寨微信群及电话通知居民进行了紧急避让，并第一时间上报相关信息。泥石流沟道两侧群众先后安全转移至太平镇三分场完全小学，共转移群众 59 户 164 人。9 时 50 分左右，泥石流暴发，未造成人员伤亡。

灾害发生后，当地组织开展灾害应急调查工作，并提交了应急调查报告，划定风险区域，提出处置建议。

5 经验与启示

该案例是地质灾害隐患点和风险区双控试点的成功案例。盈江县地质灾害具有高隐蔽性、突发性、群发性特点，在日常工作中难以精细解决“隐患在哪里”的问题。地质灾害风险“点+面双控”填补了中高易发区区内非隐患区巡查空白，结合本次灾害中巡查员起到的作用，为保障人民群众生命财产安全做出了有力的探索。同时，对本次灾害特征及避险过程分析发现，在强降雨作用下，容易引发坡表残坡积松散土体滑坡、泥石流，虽然启动规模小，但位置高、势能大，会产生危害放大效应。因此，如何不断提高灾害地质调查勘测精度，是实现地质灾害易发性精细量化的主要因素之一。

浙江泰顺“7·29”北外村滑坡避险

1 灾情概况

2023年7月29日10时，受5号台风“杜苏芮”降雨影响，浙江省泰顺县罗阳镇北外村泰景路462号—482号屋后风险防范区处边坡出现滑坡，方量约$10m^3$。由于预警及时，人员提前撤离，避免了6人可能因灾伤亡。

2 基本特征

2.1 灾害地质特征

滑坡区所在山坡自然地形坡度20°~30°，现主要为林地，植被覆盖率约占60%，以毛竹和灌木为主。上覆第四系残坡积层，岩性为含碎石粉质黏土，厚度2~3m，主要成分为碎石和黏性土，其中碎石含量约占20%，粒径以2~5mm为主，余为黏性土；下伏基岩岩性为下白垩统朝川组紫红色砂岩，岩石呈层状，产状45°∠18°，全-中风化状出露，全风化层厚2~4m，强风化层厚3~5m，下部坡脚为中风化岩。

滑坡平面形态呈不规则圈椅状，主滑方向约310°，已滑方量约$10m^3$，滑体堆积在坡脚，造成屋后附属房屋破损。屋后边坡高约15m，坡度近似直立，坡体上部以出露残坡积土和全风化岩为主，下部为强-中风化岩，边坡现状开挖太陡，且未防护，覆盖层发育较厚且结构松散，岩土体工程地质性质较差，遇到强降雨等不利情况，边坡有可能发生浅表层、小规模的滑坡（图1）。

图1 滑坡全貌

2.2 成因分析

滑坡所在山体地形坡度较陡，残坡积土厚度较大，结构松散，地质条件差；下伏全-强风化砂岩，风化强烈，完整性差，地质条件较差。

滑坡发生前该地区遭遇持续降雨，根据附近的雨量站监测，滑坡发生前的 24 小时内该地区降水量达到 105. 5mm，最大一小时雨量 18. 8mm（29 日 6 时）。持续降雨导致大量水体入渗，增加了坡体的自重，岩土体饱和降低了岩土体强度，从而导致岩土体稳定性变差。

斜坡坡脚因修建房屋形成最高约 15m 的人工边坡，边坡坡度约为 70°，坡面高陡且岩土体裸露，未采取有效防护措施，致使山体斜坡原有的应力平衡发生改变，为滑坡的变形、失稳创造了有利条件。

3 监测预警

该滑坡为非在册已知隐患点，2023 年 1 月日常巡查排查被发现，并被纳入地质灾害风险防范区管理。7 月 28 日 18 时，浙江省自然资源厅根据前期降雨和预报降雨情况，对泰顺县发布未来 24 小时地质灾害气象风险橙色预警（风险高），温州市自然资源和规划局对泰顺县罗阳镇发布未来 24 小时地质灾害气象风险橙色预警（风险高）。

4 避险防控

根据预警信息，当地启动突发地质灾害二级应急响应，罗阳镇人民政府立即组织乡镇、村干部与群测群防员对地质灾害隐患点、风险防范区进行现场排查和人员转移工作，北外村泰景路滑坡风险防范区受威胁的 39 人被转移至避灾场所。7 月 29 日 10 时，该处边坡发生滑坡，由于人员及时转移，成功避免了 6 人可能因灾伤亡。

滑坡发生后，当地政府及时开展应急管控，设置地质灾害危险区警示标志和安全警戒线，落实监测巡查责任人，调度技术支撑单位及时开展地质灾害应急调查工作。

5 经验与启示

通过日常巡查排查和汛前大排查，积极推进风险隐患双控，对存在风险隐患的斜坡及时入库管理，纳入风险管控范围。基层政府根据预警信号，及时启动响应，组织人员采取措施，提前有序转移全部受威胁群众，有效避免了人员伤亡。这一案例的成功经验表明，扎实推进地质灾害风险隐患双控，对非隐患点的高陡边坡、临时用地的建筑边坡等存在地质灾害风险隐患的区域应及时纳入风险管控，落实管控措施，可以切实提高人员转移的精准性和及时性。

福建宁德“7·29”福洋村泥石流避险

1 灾情概况

2023年7月29日凌晨2时许，受“杜苏芮”台风带来强降雨影响，福建省宁德市蕉城区城南镇福洋村南国道104线西侧后山发生泥石流。因省、市、区联动部署，提前转移临近高风险区坡脚受威胁的汽修车间工人30人，及时布设交通警戒线，本次泥石流未造成人员伤亡。

2 基本特征

2.1 地质环境条件

该泥石流所在区域属低山斜坡地貌，植被覆盖较好。岩性为燕山晚期侵入的细粒钾长花岗岩，上覆残坡积成因的堆积土层。总汇水面积约0.13km^2，其中泥石流形成区汇水面积约0.055km^2，大气降水形成的坡面积雨沿沟谷汇集、排泄。地下水类型主要为孔隙水和基岩裂隙水。

2.2 灾害地质特征

该泥石流总体呈南西向—北北东向沿浅凹坡冲泻延展分布，从形成区、流通区到堆积区总纵沟长约750m，平均纵坡比降28‰。形成区位于浅凹坡上游，高程330~350m，在持续强降雨的浸润及下渗超孔隙水压冲蚀影响下，引发浅层岩土混合体滑塌。滑塌体宽约20m、长约30m、厚约1m，汇积于沟谷，造成沟谷堵塞形成泥石流；流通区位于沟谷中游，长约600m，宽5~20m，海拔高程10~330m，相对高差320m；堆积区主要位于福洋村原补胎店、轮胎回收店、汽车维修店，堆积体呈锥形，长约30m，宽10~20m，厚1~3m，主要为块石、泥沙，块石棱角明显，粒径0.5~2.5m不等，一次性冲出固体物质总量约1500m^3（图1，图2）。

2.3 成因分析

相对高差大的陡坡浅凹汇水及局部陡崖跌坎等微地貌是重要的基础条件，极端强降雨过程是重要的诱发因素，前期持续数日强降雨，充分浸润饱和上覆松散土体盖层，耦合降雨凹坡地表径流的冲蚀，产生塌滑并裹挟向下冲泻形成本次相对高位的泥石流灾害。

图 1　泥石流全景示意图

图 2　堆积区近照

总体上，该泥石流由低山陡坡上部产生启动滑塌，向下推移形成更大滑塌区域，继续顺微凹陡坡向下冲泄运移，裹挟沿途浅层覆盖上层，冲泻而下，近坡下部相对缓坡局部沟岸侧堆积，主体部分持续与山洪混合形成泥石流，直至坡脚汽修店区缓平台滞留呈扇形扩展堆积并冲毁建筑、堵塞交通干道成灾。

3　监测预警

宁德市、蕉城区自然资源局协同组织地质灾害技术支撑队伍开展台风暴雨的地质灾害隐患点与风险区的排查，并根据气象部门实施的精细化台风暴雨预报结果，修正相关转移避险预案。

28日接到降雨显著集中时段增大的气象预报信息后，技术支撑队伍及时排查并向区局、乡镇提出加强加密该重点风险区域的巡查，指导乡镇督促坡脚建筑区内临时工作人员的转移避让工作，危险范围以日常降雨时凹坡汇水冲沟为核心，正对冲沟下方为主要危险区，以其旁侧100m范围为次危险区进行范围划定。要求夜晚务必全部转移至安全区域居住。

4 避险防控

在省、市、区防汛指挥部统一防台部署下，省、市气象局预报28日台风登陆后外围环流云系可带来强降雨，局部夜晨降雨集中，市、区结合地质灾害风险区分布情况，于28日20时许启动避险响应，将汽修店工作人员下班后转移至安全区域住宿，常住人员及时转移到位。29日凌晨2时发生泥石流灾害后，公路交通管理部门及时到场，部署上方斜坡冲沟堆积物下泄的观察警戒，指挥疏导国道104交通合理避让通行。

5 经验与启示

地质灾害隐蔽性强，尤其是相对高位的滑坡泥石流灾害链危害性强，应更加重视。进一步加强降雨的监测，协同必要的变形、震动等因素监测，可及时发出预警，为临灾避险争取更多时间。以前期调查工作为基础，精确地划定地质灾害发生地点、可能规模、行经路径、规模与危险范围等，便于更加精准地实施人员避险转移避让。

山西平定“7·31”西垅地崩塌避险

1　灾情概况

2023年7月31日3时左右，山西省阳泉市平定县石门口乡大石门村西垅地崩塌隐患点发生大面积土体崩塌，导致2户房屋损毁。由于强降雨前按照“三个紧急撤离”原则，当地提前将22户57名受威胁群众全部转移撤离，未造成人员伤亡。

2　基本特征

西垅地崩塌所在边坡总坡宽约270m，坡高60m，坡度55°左右。高处存在危岩体，以中奥陶统下马家沟组灰岩为主，厚层状结构，产状17°∠19°，节理裂隙发育明显，局部被第四系上更新统粉土覆盖，坡体灌木植被生长茂盛，居民房屋紧邻坡脚。

坡顶为村民建房废旧取石场，近三年降雨期间常有大石块掉落现象，粒径25cm左右。坡体为上更新统岩性为砾石、粉土的混合体，与下伏灰岩地层呈不整合接触；受降雨影响，地层中含水率增高，摩擦系数减小，最终导致覆盖层协同植被沿着基岩接触面溜滑，威胁坡脚居民生命及房屋财产安全（图1，图2）。

图1　崩塌前全貌（镜向西北）

图 2　西垅地崩塌全貌

3　监测预警及避险防控

2023 年年初，当地开展冻融期排查巡查期间，多次发现西垅地边坡有掉块现象，随将该点列为地质灾害隐患点，并划定大石门村西垅地边坡坡高 60m 左右、坡宽 270m 为危险区，确定该隐患点边坡坡脚 60m、宽约 300m 内居民处于影响范围内。

受台风“杜苏芮”影响，气象部门预测 7 月 27 日—8 月 1 日阳泉市将出现连续降雨天气，其中 7 月 30 日—8 月 1 日有强降雨过程，根据技术支撑单位专家研判，该隐患发生崩塌可能性较大。7 月 29 日，按照预案，在县政府统一组织下，平定县自然资源局会同相关部门在降雨前连夜撤离坡体下方受威胁群众 22 户 57 人，同时及时安排相关部门对周边进行警戒，指派专人 24 小时蹲守巡查。

7 月 31 日 3 时左右，崩塌发生，体积约 $100m^3$，导致 2 户房屋严重受损，直接经济损失约 30 万元（图 3）。

图 3　崩塌损毁房屋

灾害发生后，当地继续派专人 24 小时蹲守巡查，8 月 2 日 10 时，巡查人员对发现返回的 2 名群众再次强行撤离，以防造成伤亡。

4 经验与启示

严格落实“三个紧急撤离”方针，群测群防到位，隐患管控得力，同时持续加大巡查、排查、监测预警力度，实施人员管控，防止灾害再次发生，避免回流人员伤亡。

山东济南“8·2”西许村崩塌避险

1 灾情概况

2023年8月2日6时，受台风“杜苏芮”带来的连续强降雨影响，山东省济南市仲宫街道西许村西南发生山体崩塌，体积约90m^3，损坏坡地一处民宅。因发布预警及时，提前将受威胁群众8户29人避险转移，本次灾害未造成人员伤亡。

2 基本特征

2.1 地质环境条件

崩塌区位于卧虎山东南部，地貌类型为溶蚀-剥蚀丘陵区。受开山采石影响，山体直立、破碎。地层以第四系、张夏组灰岩、馒头组泥质页岩为主。附近无断裂发育。区内地下水含水岩组可分为松散岩类孔隙含水岩组、碳酸盐岩类裂隙-岩溶含水岩组、碎屑岩夹碳酸盐岩岩溶-裂隙含水岩组、变质岩及岩浆岩裂隙含水岩组。该地区属Ⅵ度地震烈度区，地震动峰值加速度为0.05g，属较稳定区，灾害发生前无地震活动。

2.2 灾害地质特征

卧虎山山体东南侧地形向南或东南方向顷，倾角40°~70°，崩塌所在斜坡北高南低、西高东低，最高点高程为216m，坡底高程为143m；地层产状5°∠8°，产状与山体坡面相反，属于逆行地层，坡体整体稳定。斜坡底部岩性为泥页岩，极易风化，岩石风化强烈，岩体极破碎—较破碎；中部为薄层石灰岩，节理裂缝发育；顶部为风化形成的碎石土夹块状岩石。不稳定斜坡坡向150°，因边坡底部泥页岩极易风化，侵蚀坡面，导致中部薄层灰岩和顶部岩层边坡发生变形与破坏，在坡顶可见卸荷裂隙，形成垮塌、崩塌地质灾害。

2.3 成因分析

边坡出露馒头组页岩，顶部出露少量张夏组灰岩，边坡由于前期矿产开采形成高陡悬空面，坡肩发育一条东西向裂缝，在长期风化侵蚀作用下，裂缝逐步扩展。受台风“杜苏芮”连续强降雨影响，裂缝加速发展，造成此次崩塌灾害（图1，图2）。

图 1　崩落到居民点的块石

图 2　被滚落的块石损毁的民屋

3　监测预警及避险防控

该崩塌点为已知地质灾害隐患点，7 月 29 日山东省、济南市相继发布地质灾害气象风险黄色预警，此隐患点位于预警范围内。根据预警信息，及时启动响应机制，要求群测群防员加密巡查频率，利用济南市地质灾害监测预警平台进行远程监测，通知技术支撑单位做好准备。按照地质灾害气象风险黄色预警要求，结合监测巡查结果，综合研判，此隐患点具有发生地质灾害的可能性，并划定了地质灾害危险区。同日，省市主管部门组成工作组对该隐患点现场实地查验，明确要求组织受威胁的 8 户 29 人提前避险转移，并要求在隐患消除以前，确保受威胁人员撤离，严防私自返回。

8 月 2 日，该隐患点局部崩塌，群测群防员在巡查过程中发现了灾情。发现灾情后，立即启动应急响应，严格按照规定进行报告，并联合地质灾害防治专家进行应急处置，设置警戒线和警示标志，封锁现场。

4 经验与启示

当地政府及相关部门紧盯重点地区、重点部位，按照“汛期不过、排查不停、整改不止”的要求，扎实做好汛前排查、汛中巡查、汛后核查工作。尤其针对隐患点，逐渐形成统一的管理规范，严格危险区管控，对受威胁人员避险转移不漏一户、不落一人，行之有效。实现对已知隐患点规范有效的管控，为探索全域风险防控打下了良好基础。

陕西商州“8·7”朱槽子沟滑坡避险

1　灾情概况

2023 年 8 月 7 日 18 时 35 分，陕西省商洛市商州区刘湾街道办枣园村八组朱槽子沟发生一起小型滑坡灾害，造成 1 户 2 间房屋受损，直接经济损失 5 万元。由于村民及时发现滑坡前兆，成功避免 16 人可能因灾伤亡。

2　基本特征

2.1　地质环境条件

该滑坡所处区域为秦岭低山沟谷区，滑坡位于支沟右侧山前堆积层斜坡。自然山坡高约 60m，坡向 244°，上陡下缓呈折线形；山前 12m 高处向下为堆积层斜坡，斜坡顶部为耕地平台，前缘陡倾，坡度约 55°。山前斜坡堆积有较厚的土层，地层岩性为坡积粉质黏土，出露厚度约 6m；下伏基岩为元古宇秦岭群灰绿色钠长角闪片岩，强风化，岩层产状 73°∠21°，斜坡结构类型为逆向坡。

2.2　灾害地质特征

斜坡前缘发生滑坡后形成陡倾、直线形滑塌面，滑坡体长约 10m，宽约 15m，厚约 3m，体积约 450m^3，滑向 244°，坡脚堆积物体积约 60m^3，为小型牵引式堆积层滑坡，威胁坡脚 1 户 6 人 5 间砖木房屋的安全，潜在经济损失约 12 万元（图 1，图 2）。

图 1　滑坡全貌（镜向 65°）

图 2　滑坡损毁房屋

2.3　成因分析

经调查分析，滑坡所处山体上陡下缓、前缘临空，降雨时形成的坡面径流，易在堆积层缓坡处汇流入渗，在临空面形成下滑势能；山前堆积了较厚的坡积层粉质黏土，土体降雨入渗后易于饱和，抗剪强度降低；据商洛市气象局雨情通报，8 月 7 日 18 时降水量已达到 70~90mm。降雨入渗使土体饱和、强度降低，坡体自重增大，加速坡体下滑。切坡建房坡脚形成临空面，减少了对坡面土体的有效支撑，在自重作用下，下滑趋势增大。

3　监测预警及避险防控

8 月 7 日 18 时 30 分，村民在家中避雨时发现屋后坡体有土块滑塌、掉落，疑似滑坡前兆迹象，立即呼喊人员撤出房屋。18 时 35 分左右，滑坡发生，砸穿 2 间房屋。由于发现前兆及时，撤离人员果断，成功避免 16 人可能因灾伤亡（因当日该处住户家办葬礼，葬礼结束后突发大雨，主家及宾客共 16 人在家中避雨）。

村委会获悉情况、实地查看后上报刘湾自然资源所，刘湾自然资源所上报商洛市自然资源局商州分局，接报后自然资源商州分局立即与“平战结合”技术支撑单位、刘湾自然资源所相关人员赶赴现场，开展应急调查。

滑坡发生后，在滑坡威胁范围设立警示牌、警戒线，严禁人员靠近斜坡；避险撤离安置受威胁群众，坚决落实商洛市“人盯人”防抢撤措施，防止人员近期返流；安排专人对滑坡进行巡查、监测，关注降雨气象，严密监控斜坡变化，出现变形及时上报处置；用彩条布遮盖前缘滑塌区，减少降雨渗入；在滑动面顶部外围坡面修建简易截水土渠，减少降雨时坡面水流入渗；适当清理坡脚堆积土体，保持坡脚排水路径畅通。

4 经验与启示

从气象风险预警→地质灾害气象风险预警→防汛抗旱撤离指挥令，明确响应指南、降雨重点镇（街道）村防御重点及撤离要求，做到“发现隐患、监测隐患、发出预警、果断撤离”的地质灾害防治全链条闭环管理。落实“123”预警叫应机制。收到预警后，及时叫应区政府、镇（街办）政府、隐患点责任、监测人，开展巡查排查、组织人员撤离等各项防范应对工作，实现有效避险。

云南龙陵“8·8”黑山村上二组滑坡避险

1　灾情概况

2023 年 8 月 8 日 9 时许，云南省保山市龙陵县龙新乡黑山村上二组发生一起滑坡。因 4 名受威胁群众发现变形迹象自我撤离，本次滑坡未造成人员伤亡。

2　基本特征

2.1　灾害地质特征

滑坡区位于黑山村北侧，总体地形坡度 20°～35°，坡面出露地层为第四系全新统残坡积层含碎石粉砂质黏土，斜坡方向为 130°，长约 5.5m，宽约 8m，厚为 1～3m，前缘高程 2084m，后缘高程 2092m，前后缘高差约 8m，体积约 80m^3，为浅层小型土质滑坡。

2.2　成因分析

滑坡体所在高陡边坡坡度 25°～30°，局部大于 40°，不利于坡体稳定性。滑坡体为第四系残坡积层，土体松散，物理力学性质较差，土岩界面为潜在软弱结构面，加之水流汇集入渗，土体饱和后容重增大，地下水浸润并沿土岩界面渗流，滑带土体强度降低，加之人工切坡建房，导致边坡失稳形成临空面，雨水下渗逐渐发生变形从而产生滑坡（图 1，图 2）。

图 1　滑坡前缘

图 2　滑坡损毁房屋

3　监测预警

2023 年 8 月起，龙陵县境内普降中到大雨，8 月 7—8 日全县范围内出现了一次降雨高峰，特别是龙新乡、龙山镇、象达镇、碧寨乡，气象部门发布了暴雨橙色预警，根据气象预警和雨情，龙陵县自然资源局值班人员电话通知各乡（镇）自然资源所、各村委会负责人、重点地质灾害隐患点监测人员加强值班和巡查，对辖区内各地质灾害隐患点及风险隐患双控点通知监测员、巡查员加强巡查及监测频次，发现灾情险情及时发出预警、组织群众转移避让。

4　避险防控

8 月 8 日 8 时 20 分，龙新乡黑山村上二组巡查员接到乡镇干部电话通知，要求对全村切坡建房有滑坡危险的群众进行巡查检查，如有滑坡隐患要及时组织群众避让。接到通知后，巡查员冒雨对存在险情的住户进行排查，并电话通知切坡建房户及时对自家房屋是否有异常情况进行全面排查。

约 8 时 50 分，黑山村上二组住户二人在接到巡查员电话后，立即对自家屋后山坡进行排查检查，当排查到房屋后边坎（建房切坡形成，高约 5.5m）时，发现边坎中、底部多处有黄色浑水冒出，同时屋后已有约 $2m^3$ 的堆土。二人立即返回家中带着两名家人共 4 人及时撤离到安全地带，并向巡查员做了报告。9 时许，坡体下滑，该户房屋后墙被滑坡体冲垮倒塌。

滑坡发生后，巡查员及时安置受灾户，同时考虑到还在降雨，有发生二次滑坡的可能，对滑坡危险区域进行了封控，禁止人员靠近及私自进入房屋抢运物资，同时将灾情及时上报龙新乡人民政府和龙陵县自然资源局。当地政府对滑坡危险区设立了标志牌，落实了责任人，禁止人员进入。

5 经验与启示

本次灾害成功避险，得益于当地持续推进地质灾害综合防治体系建设。在地质灾害易发区，逐步健全完善乡镇村组网格化的风险隐患排查、预警、防范工作体系，村组群众自我防灾避险意识与能力不断增强，第一响应在关键时刻发挥作用。助“燃”基层治理，建设美丽乡村，地质灾害群测群防是平安重要保障。通过宣传培训演练、配置简易装备等，提升群测群防效率与水平，筑牢风险防范基础。

黑龙江鸡西“8·10”滚兔子岭滑坡避险

1 灾情概况

2023年8月10日，黑龙江省鸡西市梨树区滚兔子岭发生滑坡，滑坡体积超$100 \times 10^4 m^3$，直接经济损失980余万元。由于避险及时，提前转移，避免了16人可能因灾伤亡。

2 基本特征

2.1 灾害地质特征

滚兔子岭滑坡地质灾害位于鸡西市梨树区滚兔子岭东南侧，地处低山丘陵区，整体地势北高南低，滑坡体后缘标高313m、前缘标高242m，相对高差71m。地势北高南低，滑坡区所处坡体向南倾斜，坡角在5°~10°之间。

该滑坡为新增地质灾害，由两个滑坡体和一个潜在滑坡体组成，即H1、H2和QH1（图1）。

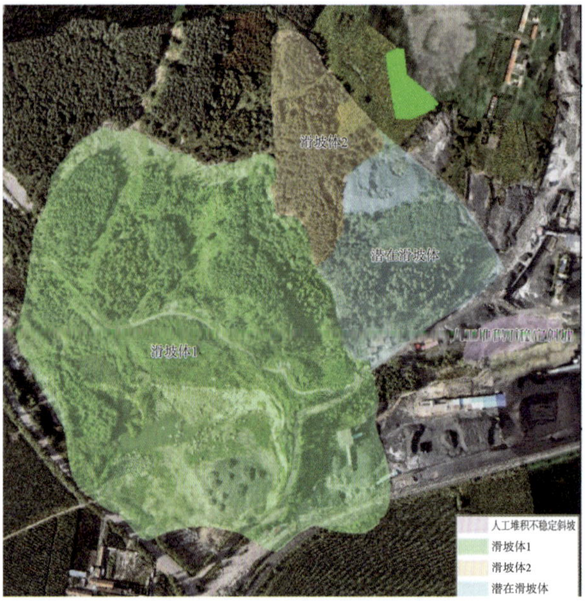

图1 滑坡全貌

H1滑坡体面积约15.8×10^{4}m^2，滑坡体最宽处约400m，前缘隆起带至滑坡后缘约550m，滑坡后缘呈圈椅状，宽约260m，滑坡周界清晰连贯，可见新月状滑坡洼地。滑坡洼地最宽处约45m，垂直深度5~8m，洼地中树木基本倒向滑坡后壁，有渗水点，8月13日可见少量积水，8月14日复查，积水呈面状。滑坡体上植被基本完好。东侧滑壁受断层控制，走向约140°。滑坡体可见一条走向约140°的断层，基本贯穿滑坡体，与东侧滑坡壁走向基本一致。断层沿走向左侧下降右侧上升，垂直高差0.5~1m。滑坡前缘鼓胀，呈条带状，走向从西向东由约140°转至正东，高度5~8m，宽2~3m，长约590m。隆起带上裂隙发育。未见滑坡床。东侧滑坡壁与滑坡前缘隆起带接触处可见明显滑坡台阶，破碎程度较高，裂缝较大，最宽可达20m。滑坡体摧毁部分铁路、公路路基（专用线）和洗煤厂货车磅秤平台，导致部分农田损坏，部分高压线电杆上部倒塌，未造成人员伤亡（图2，图3）。

图2　道路受损

图3　电路受损

H2 滑坡体面积约 $2.1\times10^4m^2$，滑坡体最宽处约 160m，前缘至滑坡后缘约 280m，滑坡后缘呈圈椅状，宽约 50m，滑坡周界清晰连贯，可见新月形滑坡洼地及滑坡台阶。滑坡洼地最宽处约 10m，垂直深度 3~4m，洼地中树木基本倒向滑坡后壁，滑坡体上植被倾斜。滑坡体中裂缝极为发育，裂缝走向 145°~210°。西侧滑壁局部与 H1 东侧滑壁连通。滑坡前缘有人为削坡堆放的煤矸石堆，高约 10m，宽约 30m。滑坡两侧滑壁受到局部小断裂控制，可见上覆松散堆积物厚度约 2m，下部砂岩裂隙较为发育，裂缝倾斜处可见基岩像砖块状倾倒。

QH1 潜在滑坡体面积约 $3.4\times10^4m^2$，位于 H2 滑坡体的下部。14 日实地调查中未发现有裂缝，表明其目前可能处于相对平衡状态。受上部 H2 滑坡体滑动的影响，且存在煤矸石的加载，可能存在潜在滑动的风险。

2.2　成因分析

滑坡周边区域上部均为第四系残坡积黏土、人工填土，下部为白垩系全风化砂岩、中风化泥岩。山坡坡角多在 10°~15°之间。在降雨作用下岩土体界面浸润软化，形成软弱带，为滑带的形成提供了条件。

两处滑坡点成因类似，在运动形式上 H1 属于大型中层土质推移式滑坡，H2 属于中型浅层土质推移式滑坡。由于岩层倾向与滑动方向基本相同，且岩层倾角小于地形坡角，风化作用强烈，形成推移式下滑，破坏山体原有结构。在强降雨等诱发因素影响下一旦失稳会以较高速度向下滑动，并兼有滑塌性质。

通过历史影像的对比分析，2009—2015 年 H1 滑坡体上存在采石场开采活动，位于滑坡体中部前缘位置，从滑动形态以及发育规律分析，滑坡中下部为滑坡的抗滑段，矿山开采取料减少了抗滑段的自重，破坏了山坡体的极限平整状态。

灾害点周边人类工程活动对地质环境的影响较大，是影响滑坡体稳定性的重要因素之一，滑坡因位于公路一侧，坡面较陡，受公路挖方卸荷影响，且坡体的土石经受雨水浸湿，土体含水、增重并减少摩擦阻力，导致产生滑坡。

3　监测预警及避险防控

2023 年 8 月 10 日 7 时许，梨树区供电公司在巡线时发现滚兔子岭东南侧输电线杆发生倾斜。

接报后鸡西市自然资源和规划局带领专家组第一时间到达现场踏勘，发现地面出现少量裂缝和轻微鼓胀。第一时间采取撤离群众、设置硬隔离、拉警戒线、设立警示标识、划定封控监控范围等方式，实施严格管控，并在灾害点铺设自动化灾害监测设备，接入应急指挥中心，开展实时数据监测，设置专人值守随时上报监测情况。至 8 月 23 日，根据监测数据判断，该滑坡持续变形，处于不稳定状态。

8 月 31 日，部省专家组赶赴现场，提出处置意见。根据专家指导意见，灾害处置领导小组第一时间划定了 $2.2km^2$、总长度 3.5km 危险区，建立了 $4km^2$ 监测区。因滑坡体仍处于变形阶段，当地通过人员巡查、空中侦察、封锁进出入口等手段设立围挡严格监管封控区域，严禁对输电线路、公路、铁路专线盲目抢险，严防次生伤害发生。

4 经验与启示

滚兔子岭坡体高差较小、坡度较缓、植被覆盖率高，属于传统意义上的地质灾害低易发坡体，但在多轮短时强降雨袭击下仍发生滑动，因此在开展巡查排查时，应予以关注，一旦发现险情及时组织群众转移并做好安置工作，果断采取“关、停、封、控”等措施，可有效避免人员伤亡。

云南福贡“8·24”施根门泥石流避险

1　灾情概况

2023 年 8 月 24 日 7 时 20 分左右，云南省怒江傈僳族自治州福贡县巴甲朵村施根门泥石流沟暴发泥石流，由于预警及时，果断撤离 20 户 77 人，本次泥石流未造成人员伤亡。

2　基本特征

2.1　地质环境条件

施根门泥石流沟位于怒江西岸，为怒江一级支沟。所在区域地貌类型可划分为侵蚀构造深切高山区、侵蚀构造中山峡谷区和侵蚀堆积冲洪积地貌。泥石流沟出露地层较为复杂，主要以燕山晚期侵入岩、第四系冲洪积层、泥石流堆积层、残坡积层、崩坡堆积层、滑坡堆积层为主。区内发育一条断裂，为怒江大断裂，此外，褶皱及次级结构面极为发育。

2.2　灾害地质特征

施根门泥石流平面呈树叶形，流域面积约 16.45km^2，主沟长约 7.65km，最高点海拔约 3741m，最低点处于怒江交汇处，海拔约 1240m，相对高差 2501m，平均纵坡比降 328.10‰。沟道两岸坡度 30°~40°，局部达到 60°。根据现场调查，泥石流流域面积大，沟道纵坡陡，流域内两侧岸坡多为坡耕地，坡面残坡积层覆土较厚，为 4~6m，结构松散，沟内不稳定斜坡、滑坡等自然灾害发育。此次泥石流暴发主要为 N1 支沟，在强降雨作用下，沟岸发生垮塌，局部堵塞沟道，形成短暂堵塞，加之该支沟纵坡较大，加剧了泥石流冲力，其侧蚀下切作用力增强，造成 N1 支沟沟岸出现大面积垮塌，并携带沟床堆积物一同汇入主沟，大大增加了主沟的水流及物源，且主沟原沟道弯道较多，局部地段狭窄，N1 支沟水流及物源汇入主沟后，造成主沟狭窄及弯道段再次形成短暂堵塞蓄力、溃决，大量的水夹泥砂、块石向下游冲刷，在临近沟口段，由于水动力减弱，块石淤积抬高沟道左岸，致使泥石流改道，由右岸相对低处泄流，并使大量块石、泥砂自该处下泄并形成新的沟槽，直接冲向居民区，造成居民区受损严重。

在泥石流暴发后，沟床已被严重冲刷，加深扩宽，沟床加深 2~10m，沟床扩宽5~20m。本次流体以泥砂夹块石为主，块石粒径 0.5~5m 不等，泥砂约占总体积的 75%，块石约占20%，枯木、树枝等约占5%。泥石流的发生主要为单点暴雨并伴随短时间堵塞溃决，暴发持续过程约2小时，流量较大，大量冲积物沿主沟冲入怒江，并被江水带走，少量冲积物沿沟道下游左岸底凹处冲入居民区，并在居民区堆积，估算居民区堆积方量约$0.3\times10^4 m^3$，一次冲出方量超过$10\times10^4 m^3$（少量堆积于沟口，大部分已被怒江携带走）（图1）。

图1　泥石流沟口

2.3　成因分析

沟道内谷坡两岸第四系残坡积物分布范围广，并且沟道内崩塌灾害发育，为泥石流暴发提供了充足的物源条件；该沟地形陡峻，沿沟落差较大，物源补给区平均坡降达328.10‰，为泥石流形成提供了有利地形条件；流域内高强度、短历时暴雨是泥石流形成的主要激发因素。集中的降水产生洪水强烈冲蚀地表及侵蚀沟谷，促使并加剧沟道边坡侧蚀，增加沟内的松散堆积物，最终导致泥石流暴发。

3　监测预警

2023年3月，福贡县对全县地质灾害隐患点开展了汛前排查，汛中巡查，并安排监测员对泥石流隐患点进行监测。对沟内物源监测，形成区、流通区区内滑坡、崩塌的变形情况，是否有裂缝产生等；水源监测，沟内水流流量是否变大或出现断流、变小及有无携带岩土体等。

8月24日，怒江傈僳族自治州气象局发布了地质灾害气象风险Ⅱ级预警，福贡县自然资源局迅速在发布了关于做好近期强降水条件下地质灾害防范工作的紧急通知，将预警信息层层传达至全县各乡（镇）人民政府、县级各相关职能部门、易地扶贫搬迁安置点、各矿山企业、基层一线防灾责任人和监测人员，要求高度重视近期强降水过程，必要时启动应急预案，全力抓好暴雨条件下的地质灾害防治工作，确保人民生命财产安全。

4 避险防控

8 月 24 日 7 时左右，地质监测员听到沟道传出洪水轰鸣声，立即电话告知村党支部书记、村小组长，同时第一时间赶往靠近泥石流沟边的施根门组。3 人赶到现场后，考虑到可能还有群众未起床，村党支部书记进行了简单的分工，监测员和村小组长沿沟道往下喊话通知群众赶紧撤离、村党支部书记留在施根门组织群众撤离到安全区域，7 时 20 分左右，泥石流通过施根门组居民区，由于灾害发现及时，紧急撤离 20 户 77 名群众，无人员伤亡。

灾情发生后，县委、县政府领导第一时间相继赶赴现场，对抢险救灾工作进行了部署，并启动地质灾害应急预案，开展抢险救灾工作。

5 经验与启示

近年来，省、州、县各级自然资源主管部门积极组织开展地质灾害防治知识宣讲培训和受威胁群众应急避险演练，地质灾害易发区基层党员干部和防灾责任人、监测员的识灾、防灾、避灾的知识以及“主动避让、提前避让、预防避让”的意识和自救、互救能力都得到了大幅提升，有效保护了群众的生命财产安全。

四川南江“8·25”玉皇街后山崩塌避险

1　灾情概况

2023年8月25日9时左右，四川省巴中市南江县双流镇双流社区玉皇街后山崩塌隐患点突发垮塌，导致1户房屋受损，造成直接经济损失约20万元。由于提前将坡体下方受威胁12户64人撤离，未造成人员伤亡，实现成功避险。

2　基本特征

2.1　地质环境条件

玉皇街后山危岩带位于斜坡中下部基岩出露区，斜坡整体呈折线形，上部为自然岩质陡坡，坡度55°~75°，下部为开挖基岩边坡，坡度较陡，约75°，局部直立，发育危岩体。边坡下部为双流镇社区，场地平缓。区域主要出露地层为第四系全新统残坡积层、崩积层和下白垩统汉阳铺组砂岩和泥岩。场地内断裂构造不发育，地下水主要为松散岩类孔隙水和层状碎屑岩类基岩裂隙水。工作区断裂活动微弱，总体上地震活动少而弱，地震基本烈度为Ⅵ度，基本地震加速度为0.05g，地震动反应谱特征周期为0.35s。

2.2　灾害地质特征

玉皇街后山崩塌平面呈条带状，崩塌横向宽约100m，纵向长约30m，危岩带分布高程480~510m，相对高差约30m，厚1~3m，体积约6000m^3，坡向66°，为小型崩塌。崩塌体主要为泥质砂岩，中厚层状，岩质硬度较好，中间夹薄层状泥岩（图1，图2）。

图1　崩塌平面示意图

图 2 本次局部崩塌照片

2.3 成因分析

岩体在风化、植物根劈及卸荷裂隙作用下被切割成若干块体，由于切坡建房，对边坡进行开挖不当，加之差异风化，在暴雨及重力作用下造成局部失稳，形成凹岩腔，坡体偶有零星掉块，破坏模式主要为坠落式。

3 监测预警

汛前，南江县自然资源和规划局、乡镇人民政府、街道办事处对南江县 32 个乡镇、街道办事处开展地质灾害知识培训工作，对防灾责任人、监测责任人、专职监测员进行了业务培训，指导专职监测员如何对滑坡、崩塌、泥石流进行监测，并会同乡镇、学校开展地质灾害应急演练工作，组织受威胁群众和学生学习如何识别地质灾害，以及在灾害来临时应该怎么做、怎么撤。

入汛以来，按照“雨前排查、雨中巡查、雨后核查”的要求，对降雨辖区内的场镇、学校、医院、聚居点、矿山、在建工地、地质灾害隐患点等重点区域进行了拉网式排查，做到排查不留死角，对排查出的隐患和问题建立台账，并告知相关单位，做到心中有数。并要求密切关注雨情，根据收到的预警信息，结合气象部门提供的数据，对危险区进行判断，按照“三避让”“三个紧急撤离”对危险区进行应撤尽撤。

4 避险防控

8 月 24 日 17 时 20 分，南江县地质灾害指挥部办公室发布地质灾害风险预警，玉皇街后山崩塌地质灾害隐患监测人在接收到地质灾害风险预警信息后，对该地进行巡查，经巡查发现崩塌体后缘裂缝有增大现象，并立即将该情况报告。双流镇人民政府接到报告后，及时组织工作组赶赴现场进行核查，并按照“三避让”和“三个紧急撤离”的要求，立即组织受威胁群众转移。19 时左右，隐患点内受威胁的 12 户 64 人被全部撤离至安全地带并妥善安置。8 月 25 日 9 时左右，该崩塌体发生局部垮塌，落石造成 1 户房屋受损。因提前组织受威胁群众转移，避免了人员因灾伤亡。

5 经验与启示

经过多年努力，南江县切实构建了县、乡、村、社四级防灾体系。当发现灾害险情后，上下信息互通，协同配合，叫应及时、速报顺畅，实现成功避险。现在乡村手机普遍，为预警防范提供了便利的电子终端。现代通信、信息和数字技术应用，让属地为主、网格化防控更加切实高效。

湖北宜昌“8·27”袁家坪村滑坡避险

1　灾害概况

2023年8月27日6时40分左右，湖北省宜昌市夷陵区邓村乡袁家坪村12组发生一起滑坡，滑坡方量约3000m^3，造成村民房屋损毁，直接经济损失30万元，因提前撤离转移群众1户2人，本次滑坡未造成人员伤亡。

2　基本特征

2.1　地质环境条件

滑坡区属于黄陵背斜核部侵蚀中山—低山区，总体地势西高东低，地形陡缓相间。滑坡所在斜坡坡脚高程723m，坡顶高程758m，相对高差约35m，斜坡总体坡向90°~110°。坡体植被不发育，见少量杂草。坡体后缘地形较缓，坡度0°~10°，中下部稍陡，坡度30°~45°。该区出露地层岩性为第四系残坡积风化砂夹碎石，下伏基岩为晚生古代侵入岩（扬子期）大老岭超单元田家坪单元黑云二长花岗岩。滑坡区位于山区，地形起伏较大，可供居民建房的平缓地形较稀缺，故居民建房、修路切坡为区内主要人类工程活动，其次为居民耕种等。

2.2　灾害地质特征

滑坡分布位置自然地形坡度一般25°~50°，局部达50°以上，分布高程650~670m，高差约20m。该滑坡处斜坡坡向80°，滑坡平面呈弧形，剖面呈折线形，纵长约30m，横宽约20m，分布面积约600m^2，坡体物质厚度约10m，体积约30000m^3，主滑方向90°，与坡向基本一致。

滑坡体一带地层岩性主要为第四系残坡积风化砂夹碎石，厚度一般3~5m，局部地段大于5m，结构松散，利于地表水下渗；下伏基岩为强风化黑云二长花岗岩，风化厚度一般3~5m，局部5m以上，受风化作用影响，岩石物理力学性质较差，表层岩体软弱破碎，裂隙较发育，易导致上部物质沿风化界面产生滑移变形。滑坡方量约3000m^3，滑坡物质堆积于居民房屋之上，导致房屋倒塌掩埋，滑坡体后缘乡村公路下方坡体地表出现多条宽10~50cm、可见深0.5~1.5m、延伸长5~15m的拉张裂缝（图1）。

图 1　滑坡全貌

2.3　成因分析

1）地形地貌。滑坡所处斜坡一带地形陡峭，坡度一般 25°~50°，局部达 50°以上；前缘早期建房切坡，形成临空面，为滑坡的变形发展提供了有利的空间地形条件。

2）地层岩性。表层残坡积风化砂夹碎石其自身结构松散，稳定性较差，利于地表水下渗；加之下部强风化黑云二长花岗岩，受风化作用影响，表层岩体结构破碎、松散，在降雨等因素影响下上部坡积物易沿风化界面产生滑移变形。

3）人类工程活动。滑坡一带早期建房切坡，破坏了坡体原始平衡状态，同时形成了有利的临空面，为后期滑坡变形埋下了隐患，加之切坡后未采取任何支挡防治措施，在降雨等因素影响下易发生滑坡。

4）大气降水。大气降水入渗一方面易对岩土体进行浸润，使岩土体的内力特征(抗剪强度）降低；另一方面是雨后斜坡岩土体内短时充水程度较高，增加了岩土体容重和动、静水压力，使斜坡岩土体稳定性进一步降低，最终在突破极限平衡状态时产生滑坡。

综上，滑坡区有利的地形地貌、地层岩性是导致滑坡产生的间接因素，人类工程活动及大气降水是导致滑坡产生的直接因素。

3　监测预警

8 月 15 日，宜昌市夷陵区自然资源和规划局组织对邓村乡袁家坪村开展排查，发现一居民房屋有变形迹象，当即向当地村委和居民提出遇暴雨预警要及时撤离群众，确保安全。

8 月 25—28 日，湖北省自西向东出现大范围暴雨和大暴雨过程，其中宜昌遭遇特大暴雨，8 月 25 日 12 时，湖北省自然资源厅对全省系统启动地质灾害防御Ⅳ级响应，其中宜昌市为地灾防御Ⅲ级响应，并印发通知向地质灾害防治领导小组成员单位和全省系统全面部署地质灾害防范工作。8 月 26 日，湖北省自然资源厅向宜昌市夷陵区加密发布 2 期地质灾害气象风险预警，提醒当地政府和相关部门地质灾害风险大（橙色）。

4 避险防控

收到防御响应通知和预警信息后，宜昌市、夷陵区自然资源部门立即响应，加强巡查排查和监测预警工作，宜昌市自然资源和规划局调度各县、市、区自然资源部门加强各项防范工作，并发布精细化气象风险预警。8 月 26 日下午，夷陵区自然资源和规划局对该隐患点村民、网格员、村干部等人电话叫应，要求立即撤离受威胁群众，但该住户为 2 名 60 岁以上老人，地质灾害防范意识不强，不愿撤离，村委会于当晚 21 时实施强行撤离并进行安置。8 月 27 日 6 时 50 分，该处屋后边坡发生垮塌，造成房屋损毁，经济损失约 30 万元。因人员已提前撤离，未造成人员伤亡，实现成功避险。

5 经验与启示

本次成功避险，得益于省、市、县三级自然资源部门针对强降雨极端天气，及时启动地质灾害防御响应；基层干部职工和网格员严格落实巡查排查制度，提前发现重大隐患，并对高风险区隐患点实施预警叫应；《地质灾害防治条例》第二十九条明确规定："情况紧急时，可以强行组织避灾疏散"。当地政府防灾意识强，特殊情况能够紧急强行撤离，最终实现成功避险。

西藏米林“8·28”色贡沟泥石流避险

1 灾情概况

2023年8月28日2时30分，西藏自治区林芝市米林市米林镇东多村帮加小组色贡沟发生泥石流，造成多处房屋及车辆淤埋，水电路网中断，耕地受损，已有防治工程2座拦砂坝全部淤满。因群测群防人员及时发现险情，当地政府迅速撤离受威胁206户681人，本次灾害未造成人员伤亡。

2 基本特征

2.1 地质环境条件

色贡沟泥石流流域最高点海拔为4689m，沟口海拔3014m，相对高差1675m。沟谷两侧斜坡坡度20°~50°，沟谷纵坡降为468‰~682‰，坡度较陡，受地表水长期冲刷的影响，沟谷两侧出现多处崩滑现象。植被覆盖率为20%~60%，植被以耐寒的针叶乔木为主。岩石局部裸露，风化强烈，形成较多的碎块石等残坡积层。泥石流沟域内主要为第四系碎石土、含碎石粉质黏土、粉质黏土、南迦巴瓦岩群a亚群黑云钾长片麻岩。色贡沟泥石流位于雅鲁藏布江缝合带，受地质构造的影响，区域内岩石破碎，为泥石流的形成提供了丰富的固体物源。该地区地震基本烈度为Ⅷ度，地震动峰值加速度为0.30g。

2.2 灾害基本特征

色贡沟泥石流沟源于圈形山脊顶部，是由高陡地形发育而成的暴雨型泥石流沟，流域呈叶脉状，由主沟、3条支沟及众多细小支沟组成，流域总面积4.14km^2。其中1$^{\#}$沟与主沟在堆积区交汇，与主沟关系相对独立；2$^{\#}$、3$^{\#}$支沟与主沟在流通区中上游交汇，为主沟的一部分。本次泥石流沟内共发育10处物源区，其中沟道物源4处，坡面物源4处，滑坡堆积物源1处，崩塌堆积物源1处，一次性冲出固体物质约2×10^{4}m^3。

本次泥石流灾害造成25处房屋受损，8处房屋受不同程度淤埋，车辆被掩埋，水电路网中断，6.6×10^{4}m^{2}耕地受损，已有防治工程2座拦砂坝全部淤满，1$^{\#}$拦砂坝被冲毁，2$^{\#}$拦砂坝下游“八”字导流堤右边墙基本被掏空，排导槽外弯处边墙损毁，直接经济损失约500万元（图1，图2）。

图 1　色贡沟泥石流全貌

图 2　拦砂坝被淤埋

2.3　成因分析

2022 年的 8 级大风造成了色贡沟内树木折断，堵塞沟道，对沟道流通造成一定影响。2023 年 8 月 21 日起，米林市遭受持续强降雨，导致流域内岸坡土体饱和度、重度增加，发生滑塌，为泥石流形成提供了丰富的固体物质条件。28 日凌晨，受持续的强降雨影响，岸坡土体持续滑塌，同时受折断沟内树木影响，中上游沟道内形成小型堰塞湖，后发生溃决，进而挟裹原有的沟道物源同时冲刷沟岸，向下运动，最终形成大规模泥石流灾害。

3　监测预警及避险防控

由于该地区在 8 月下旬一直连续强降雨，8 月 26 日，米林市气象局发布蓝色强降雨预警，随后米林市自然资源局立即组织相关人员前往沟口查看拦砂坝运行情况。27 日强降雨预警提升为黄色，收到预警后，米林市自然资源局立即通知各乡镇群测群防员注意天气，加强排查。群测群防员在接到通知后，增加巡查次数。

8 月 27 日晚，群测群防员选择驻扎在泥石流下游左岸高地时刻关注沟道变化情况，28 日凌晨 2 时，监测员发现沟道内水流量逐渐增大，水流浑浊，且伴有石头相互敲击的轰隆声，随即报告了相关部门。之后立即采取敲锣呐喊的方式提醒群众撤离。由于灾情发生时间为凌晨，当地村民都在睡梦中，对撤离造成了较大的阻碍，镇政府组织干部逐户敲门，确保全部人员撤离。在撤离过程中，村民按照2021 年在该点举行的应急演练中的逃离路线有序撤离，未发生二次伤害。最终将 206 户 681 人全部撤离至安全区进行安置。

2 时 30 分，泥石流暴发，危险区内人员全部成功避险。

4　经验与启示

在极端天气来临时，具备足够防灾知识的群测群防员坚守在第一线，能在第一时间发出预警信息。而短时间内有序实现数百人的紧急避让，则得益于米林市通过风险普查，对全市地质灾害作出了详细的、科学的评估与规划，并在此基础上有针对性开展应急演练。色贡沟前期的工程治理，也是极大减少泥石流灾害损害的重要原因之一。同时，在气候变化背景下，科学合理提高灾害设防标准，也是有待总结研究的问题。

广西博白“9·11”凤宁村群发地质灾害避险

1　灾情概况

2023年9月11日凌晨2时至6时左右，由于连续强降雨，广西壮族自治区玉林市博白县双凤镇凤宁村群发崩塌、滑坡，造成14间民房毁坏，并造成多栋民房不同程度受损，直接经济损失30万元，灾害发生前，当地政府组织干部提前组织260人紧急撤离，本次群发地质灾害未造成人员伤亡。

2　地质环境条件

凤宁村位于双凤镇西南部，为构造侵蚀低山丘陵地貌，自然坡度多为25°~44°，植被较发育。分布地层有第四系残坡积层、三叠纪中粗粒斑状堇青黑云二长花岗岩。全风化层厚度2.0~7.0m，强风化层厚度大于20m。全风化花岗岩为类土状，强风化花岗岩为较软岩，岩体较破碎—破碎。博白-梧州区域性深大断裂带从该区东侧约13.5km处通过、灵山-藤县区域性深大断裂带从该区西侧约11.5km处通过。受断裂活动影响，沿断裂带曾经发生过多次有感地震。该地区地震动峰值加速度为0.10g，地震动加速度反应谱特征周期为0.35s，地震基本烈度为Ⅶ度（图1）。

图1　滑坡全貌

3　监测预警及避险防控

该区域共有大田背崩塌、秧地头崩塌、新开坪崩塌、双凤镇凤宁村凤宁小学山体滑坡4个在册登记隐患点，为地质灾害高风险区。

2023年9月10日16时30分，广西壮族自治区自然资源厅发布黄色地质灾害气象预警，并电话通知博白县自然资源局加强巡查监测辖区范围内的地质灾害隐患点。9月11日0时45分提升博白县地质灾害气象风险橙色预警，当地政府立刻组织风宁村群众撤离避让。

11日2时到6时许，风宁村先后发生多起滑坡、崩塌等地质灾害，造成14间民房毁坏，直接经济损失约30万元，因预报成功，及时组织撤离260人，有效避免了26人可能因地质灾害造成伤亡。

灾情发生后，广西壮族自治区自然资源厅立即派出广西地质环境监测站地质灾害防治专家会同当地自然资源主管部门相关人员组成工作组赶赴现场开展调查处置工作，协助当地政府划定危险区，设置警戒线，禁止无关人员进入危险区。

4 经验与启示

地质灾害高风险区的研判分析和技术保障必须到位。2023年9月10—11日受台风“海葵”残涡影响，博白县遭遇长时间强降雨过程，广西地质环境监测站派出专家组到博白县开展巡查，提供技术支撑。也正是因为强大的技术支持，博白县地质灾害防治工作指挥部在9月10日22点30分，及时启动了应急预案，危险区内受威胁的群众主动撤离避让，避免了人员伤亡。

广西岑溪“9·12”横山村滑坡避险

1 灾情概况

2023年9月12日15时30分，受台风“苏拉”和“海葵”叠加影响，广西壮族自治区岑溪市筋竹镇横山村十五组因持续强降雨诱发滑坡，造成1栋房屋损坏，由于预警响应快速有效，及时撤离4户36人，滑坡未造成人员伤亡。

2 基本特征

2.1 地质环境条件

本滑坡位于侵蚀-剥蚀高丘地貌区，所在山体高差约60m，上部自然斜坡坡度30°~40°，主要植被为乔、灌木及杂草，植被覆盖率90%以上；下部人工边坡坡高约15m，坡度60°~70°，坡面植被生长稀疏，无防护措施；坡脚为横山村十五组居民建筑。灾害点一带分布地层有第四系残坡积层、早侏罗世花岗片麻岩。该区地下水类型可分为松散岩类孔隙水、构造裂隙水。

2.2 灾害地质特征

滑坡发生于山体上部，平面呈舌状。滑坡坡面地形较陡，坡度约50°，主滑方向45°。后缘高程约92m，前缘高程约82m，相对高差约10m。滑坡宽约15m，顺坡长约76m，平均厚度约1.5m，体积约1710m^3，滑体主要由含碎石粉质黏土组成，属土质滑坡（图1）。

图1 滑坡全景

2.3 成因分析

滑坡所在自然斜坡坡度较陡，坡度60°~70°，下部人工边坡坡高约15m，陡峭的地形为滑坡的形成提供了有效的临空面。滑坡体主要为第四系残坡积层粉质黏土，结构松散，透水性较好，稳定性较差。受台风“苏拉”和“海葵”叠加影响，9月2—12日持续强降雨一方面对边坡揭露岩土体进行软化，形成软弱结构面，另一方面增加岩土体容重，降低边坡稳定性，从而诱发滑坡。

3 监测预警及避险防控

滑坡所在地区为地质灾害中风险区，该灾害点为非在册隐患点。2023年9月11日16时，广西壮族自治区自然资源厅对岑溪市发布黄色地质灾害气象预警，启动三级预警响应，并电话通知岑溪市自然资源局加强筋竹镇等地地质灾害隐患点巡查和监测。

岑溪市筋竹镇横山村监测员接到预警信息和“叫应”电话后，立刻开展以切坡建房地质灾害隐患点为重点的巡查。监测员巡查发现横山村十五组某户房屋后部边坡局部出现小范围塌方、边坡开裂迹象，意识到可能发生滑坡，随即迅速向镇政府和岑溪市自然资源局电话汇报险情。接到该处塌方消息后，岑溪市自然资源局立即与筋竹镇政府沟通对接，并组织人员赶赴现场。由于强降雨持续不断、滑坡风险大，对受威胁群众宣传教育后，立即将该处受威胁群众紧急转移安置。随后划定危险区、设置警戒线，并安排专人值守，防止受威胁群众折返危险区家中。

9月12日15时30分左右，滑坡发生，造成1栋民房损坏，直接经济损失约10万元，因避让及时，4户36人成功避险。

灾情发生后，相关部门组成工作组赶赴现场开展调查处置工作，协助当地政府划定危险区，设置警戒线，发放“防灾”“避险”明白卡，实行现场值班值守，防止撤离群众在危险消除前回流。

4 经验与启示

遇台风暴雨等情况，主管部门能及时发出预警信息并“叫应”。基层监测员对地质灾害隐患点重点巡查并加密监测，发现异常情况及时报告并快速启动应急预案，撤离受威胁群众，从而避免了人员伤亡。

湖北利川"9·20"高源隧道出口滑坡避险

1　灾情概况

2023年9月20日17时45分，受持续降雨影响，湖北省利川市沙溪乡繁荣村18组、22组峡马洞在建高源隧道出口发生山体滑坡，滑体方量约$3\times10^4m^3$，导致约24亩山林损毁，高源隧道出口掩埋，河道半堵塞。因沙溪乡人民政府、沙溪乡国土资源所收到气象风险预警后，第一时间督促利咸三标的两个工区全面停工，并组织全部施工人员转移至安全区域，本次滑坡未造成人员伤亡，实现成功避险。

2　基本特征

2.1　地质环境条件

滑坡所处地貌为鄂西南构造剥蚀中低山区，整体位于利咸高速（在建）高源隧道出口一坡向南西的斜坡上，地形坡度30°~60°，呈多级阶梯状，地表植被茂盛，以灌木为主。滑体物质为第四系残坡积碎块石土和下二叠统栖霞组深灰色中厚层状生物碎屑灰岩、灰岩夹钙质泥岩，推测厚度10~20m；滑床为下二叠统栖霞组深灰色灰岩，现场实测产状286°∠53°。根据现场调查和收集有关资料，滑坡位于为马鞍山向斜南东翼，临近石门-龙嘴河断裂处。滑坡区域较大范围内，历史上无中强地震发生的记载，地壳处于较弱的活动性构造应力场。根据《中国地震动参数区划图》（GB 18306—2015），滑坡分布区域地震动峰值加速度为0.05g，地震动反应谱特征周期为0.35s，地震基本烈度为Ⅵ度。利川市属亚热带大陆性季风气候，因气候的过渡性，造成冷暖气团交锋频繁，天气多变，加之年际降水变化大，常有滑坡、崩塌、泥石流等各种地质灾害发生。滑坡区人类工程活动强烈，正在修建的利咸高速对地质环境影响较大。

2.2　灾害地质特征

滑坡区域平面形态呈舌形，主滑方向146°。滑体物质为第四系残坡积碎块石土和下二叠统栖霞组深灰色灰岩，纵长约145m，横宽约180m，厚度10~20m，平均厚度约15m，面积约$2.6\times10^4m^2$，体积约$39\times10^4m^3$，为中型岩质滑坡。滑坡后缘位于斜坡顶部山脊处，前缘位于斜坡中部缓坡处（图1）。

2.3　成因分析

陡峭地形为滑坡的形成提供了有利的滑移空间。斜坡区域分布岩层为下二叠统栖霞

图1　高源隧道出口滑坡无人机远景航拍图

组灰岩夹钙质泥岩，岩层产状与坡向顺交，对坡体稳定不利，滑体易沿软弱泥岩层形成软弱滑动带发生变形破坏是发生滑坡的重要内因。人类工程活动强烈，破坏斜坡坡体结构，进一步造成坡体结构变形，稳定性降低，易产生滑坡、崩塌灾害。极端强降雨时，斜坡区域排水不畅，降雨期间汇水于坡面上形成面流冲刷坡体，致使水体下渗后迅速饱和，软化滑带土，最终导致上覆破碎松散岩土层滑移变形。

3　监测预警

利川市地处鄂西南近东西向展布的褶皱山地，地形起伏，地质条件复杂，是地质灾害高发地区。沙溪乡高源片区属地质灾害中易发区，位于地质灾害高危险区域。

9月15日17时7分湖北省自然资源厅发布“未来一周湖北省地质灾害气象风险趋势预测”工作提示，利川市未来一周中高易发区域受降水影响引发崩塌、滑坡、泥石流等突发性地质灾害的风险大。要求：①加强地质灾害中—高易发区地质灾害隐患巡排查、监测预警工作；②加强管控人类工程活动，防范工程建设和采矿活动对地质环境的不利影响；③发现地质灾害变形险情要及时第一时间撤离人员，应撤尽撤，科学处置，切实做好人员避灾避险工作。利川市自然资源和规划局接到工作提示后，第一时间组织相关人员，并发动群众开展地质灾害隐患排查和处置工作，并要求沙溪乡国土资源所、村委会、监测员、地质灾害“四位一体”网格员和在建利咸高速责任单位做好强降雨地质灾害防范工作，按照“八个应转尽转”要求及时转移危险区群众及其他相关人员。

9月19日20时1分、20日9时，湖北省自然资源厅、恩施土家族苗族自治州自然资源和规划局、湖北省地质局第二地质大队地质灾害气象预警等部门向利川市发布多条地质灾害气象风险预警信息。

4 避险防控

9月19日，利川市自然资源规划局收到地质灾害气象风险预警信息，立即督促各乡镇国土资源所加强巡排查和监测预警，按照“八个应转尽转”要求及时转移危险区群众。9月20日16时57分，利川市气象台发布暴雨橙色预警，沙溪乡将有50mm以上降雨，利川市自然资源规划局要求沙溪乡国土资源所督促利咸三标两个工区立即停工并转移人员、设备到安全区域。

9月20日17时20分，在沙溪乡人民政府和沙溪乡国土资源所的全力组织下，共转移利咸三标施工人员90名，转移挖掘机、运输车等机械设备7台。

9月20日17时45分，高源隧道出口处（即繁荣村18组、22组峡马洞）发生山体滑坡，滑体方量约$3\times10^4m^3$，导致约24亩山林损毁，高源隧道出口掩埋，河道半堵塞，造成直接经济损失约180万元。

灾害发生后，沙溪乡人民政府、利川市自然资源和规划局及湖北省恩施地质环境监测保护站的技术人员立即在现场展开了应急调查，进行了灾害成因分析和发展趋势预测，对利咸高速建设单位和施工单位提出了防范措施及建议，并向市人民政府提交了《地质灾害应急调查报告》。

5 经验与启示

山区交通运输、水利水电等建设工程，多远离当地居民生活区，甚至在深山高山区，容易受局地降雨影响，加之工程活动扰动，地质灾害风险突出。建设工程具有动态性，当地政府常态防灾预案难以考虑周全，往往成为风险防控的盲点弱区。当地自然资源部门加强建设工程风险管控，及时发布预警，保护了工地工友安全。建设工程单位作为防灾责任主体，应将地质灾害列入安全隐患，落实巡查监测措施，做到自我防控，既主动防灾，又利于工期工效管理。

重庆奉节“9 · 27”五指峰崩塌避险

1 灾情概况

2023 年 9 月 27 日 8 时许，重庆市奉节县长安乡九里社区 5 社乡道长九路五指峰发生崩塌，体积约 $3\times10^4 m^3$，造成 G242 国道中断。因处置果断，提前撤离受威群众 5 户 24 人，对该路段实施断道处理，有效避免了人员伤亡。

2 基本特征

崩塌区位于官渡向斜北西翼，自然斜坡上部，整体坡度约 47°，斜坡地层岩性为嘉陵江组白云质灰岩，岩石破碎，岩层倾向 164°，倾角 21°，地形坡度陡直。

受 9 月 19 日 20 时—26 日 20 时持续强降雨影响，加之山高坡陡，岩体破碎，裂隙发育，岩体饱水后自重增加，抗剪强度下降，同时雨水渗流形成水压力导致了岩体失稳崩塌。受持续强降雨、叠加公路切坡形成松散岩土体等因素影响，导致岩体裂隙贯通、松散岩体滚落形成崩塌（图 1）。

图 1　崩塌全貌

3 监测预警及避险防控

9 月 23 日 9 时许，长安乡主要领导带领相关人员和应急办开展雨中巡查，发现长九路段多处零星落石，随即现场研判并采取临时断道措施，设置警戒线和警示标识，安排专人 24 小时值守，同时发布断道信息，并安排群测群防员对该路段进行巡查。

26 日 9 时许，群测群防员在对长九路段开展巡查时发现出现 13 处垮塌，22 时许再次巡查发现该路段五指峰发生零星崩塌，立即将情况报告长安乡政府，接报后长安乡政府紧急撤离受威胁群众 5 户 24 人，安排专人值守防止人员私自回流，并封闭道路（图 2）。

27 日 8 时许，五指峰发生崩塌，体积约 $3\times10^4\mathrm{m}^3$，造成 G242 国道中断。因提前转移受威胁群众并安排专人值守防止人员回流，崩塌未造成人员伤亡。

灾害发生后，奉节县立即启动响应，成立应急抢险救援指挥部，赶赴现场开展应急调查监测、排危除险、安置群众等工作。

图 2　封闭道路

4　经验与启示

发现国道公路上方有零星落石，随即开展风险研判，果断封闭道路，安排专人 24 小时加密巡查，成功避免了交通道路行人伤亡。

四川通江“9·28”青子坪滑坡避险

1 灾情概况

2023年9月28日8时左右，受持续降雨影响，四川省巴中市通江县空山镇龙池村5组青子坪滑坡隐患发生滑动，体积约1000m^3，损坏房屋8间，下方村道断道。根据预警信息，当地提前将受威胁的2户8人转移至安全地带并妥善安置，未造成人员伤亡。

2 基本特征

青子坪滑坡平面呈舌状，滑坡横向宽约60m，纵向长约110m，滑坡分布高程1018~1069m，相对高差约51m，厚约3m，体积约$2\times10^4m^3$，为小型土质滑坡。根据调查情况，滑坡分布在斜坡下段较缓地段，滑坡变形区域位于斜坡陡缓交界段，主要变形方式为后缘拉裂缝，滑坡后缘及中部裂缝可见延伸长度为10~20m，宽度为5~10cm，向下错动0.5~1.5m不等，平面呈弧形展布。滑坡前缘可见局部滑塌破坏，滑坡两侧边界也可见不同程度的裂缝发育（图1）。

9月22日开始，当地出现强降雨天气，持续至28日，持续强降雨导致地表水大量汇集后，沿土质层冲刷，引发坡体出现变形滑动。

图1 滑坡全貌

3 监测预警及避险防控

青子坪滑坡为已知隐患点，2022年被纳入群专结合监测预警服务项目。

2023年9月22日，强降雨之后该滑坡变形加剧，变形速率分别为323.51mm/d、461.65mm/d，累计水平位移达到625.35mm；随即通知监测人员现场巡查，发现出现变形滑动迹象，判定该点由暴雨导致地表水大量汇集后，沿土质层冲刷，引起滑坡加速滑动，且持续变形。

9月28日早晨，再次出现强降雨天气，滑坡土体受雨水冲刷呈流体状滑向坡下，直接冲入农户房屋，造成房屋受损，同时滑坡体沿坡面滑动至下方道路，造成下发村道断道受损。

2023年9月17日11时，通江县发布地质灾害气象风险黄色预警。根据预警信息，铁溪自然资源所针对辖区内重点隐患点青子坪滑坡分别向该滑坡的防灾责任人、监测责任人和专职监测人做了电话提醒。空山镇人民政府、龙池村村委及监测人立即组织受威胁的2户8人转移至安全地带并妥善安置。

9月22日9时40分，该滑坡监测设备GNSS测站触发黄色预警，11时47分和13时46分，该测站位移持续增加，经专职监测人员现场核查，发现变形进一步加剧。14时50分，通江县自然资源和规划局电话通知空山镇人民政府要进一步做好撤离人员管控，设置好警示标牌和警戒线，严禁人员进入危险区，确保安全。28日8时左右，该隐患点发生滑坡，滑动方量约1000m^3，造成2户8人受灾，损坏房屋8间，致使下方村道断道，直接经济损失约100万元。

4 经验与启示

在地质灾害易发区，经过多年隐患点管理实践，逐渐形成了“两卡一案”“人技结合”的群测群防责任与措施体系，行之有效。针对地质灾害风险非确定性，“十四五”以来各地积极探索风险区管控方式方法，希望“点面结合”实施全域风险防控，物联网、遥感、智能感知、大数据等先进科技支撑作用逐渐显现。该案例启示，在隐患识别、“三查”、监测、预警、避险等不同阶段，如何用好现场便利可靠的行政、技术手段、构成群测群防组合拳，对全域风险防控成效全关重要。

陕西岚皋“9·29”钟家湾滑坡避险

1 灾情概况

2023年9月29日16时28分，陕西省岚皋县城关镇永丰村钟家湾发生滑坡，由于村委会提前组织受威胁群众撤离，避免了4户15人可能因灾伤亡。

2 基本特征

2.1 地质环境条件

滑坡所处坡体原始地貌为自然斜坡，整体坡度约25°，上部、下部陡，中部较缓。上部为陡峭的林地，中部为耕地、居民区，下部为较陡的林地。坡体表面主要为第四系全新统坡积含碎石粉质黏土，下伏风化的板岩、千枚岩。初步判断滑动面为土岩结合面。

2.2 灾害地质特征

该滑坡为一高位堆积层滑坡，滑坡呈长舌状，滑坡体长260m，宽105m，厚4～8m，平面面积2.7×10^4㎡，体积约$16.2\times10^4m^3$，滑向260°，属中型牵引式堆积层滑坡。2023年9月份的连续多轮降雨，使该滑坡区地表水大量入渗，并形成地下水，9月29日的强降雨造成滑坡前缘土体饱和，并在滑坡前缘集中渗出，滑坡前缘首先滑动，形成高4～7m的临空面，导致坡脚失去支撑，滑坡体上裂缝不断向上牵引，造成滑坡中前部5户居民房屋开裂，最大裂缝长约40m，宽1～10cm，基本贯通。大量滑塌体在地表水、地下水的共同作用下启动了泥石流，泥石流挟带沟床原有堆积物，造成4户居民房屋损坏。泥石流沿沟道从C69银百高速安岚段K41+000处的冲沟处冲出，并堵塞高速公路下部2m×2m的排水涵洞，在高速公路内侧呈扇形堆积，估算泥石流在高速路面处总冲出量约$3000m^3$（图1）。

2.3 成因分析

1）9月份以来的持续降雨，地表水入渗使土体饱和软化，重度加大，是滑坡发生的主要原因。

2）滑坡体所处自然斜坡整体坡度约25°，滑坡体前缘为流水冲沟，形成较高临空面，造成坡脚应力集中，使坡体稳定性降低，有利于滑坡的形成。

3）该坡体表层的含碎石粉质黏土孔隙度大，结构疏松，透水性好，大量降雨下渗，

图 1 滑坡所在斜坡地形地貌

不仅增大了滑体自重，且软化了岩土体，特别在土岩结合处地下水集中，造成基覆界面抗剪强度降低，诱发滑坡产生。

4）滑坡体坡面及坡体排水系统不完善，滑坡在冲沟流水冲刷及坡体内地下水长期入渗的作用下，易产生滑坡，进而引发泥石流。

3 监测预警及避险防控

2023 年 9 月 28 日 6 时、17 时省市自然资源局联合省市气象部门连续发布了橙色预警，岚皋县自然资源局及时启动叫应机制，要求群测群防人员对隐患点、沟边河边及风险区加密巡查频次。2023 年 9 月 29 日 11 时左右，群测群防人员巡查发现沟里有大量浑水带少量泥浆流动，上报村委会，组织人员对沟边进行仔细排查研判，村委会根据现状立即对该区域的 12 户 32 人进行了撤离。16 时 28 分该滑坡发生，滑坡体前缘剧烈滑动形成泥石流物源，在地表水、地下水的共同作用下以泥石流形式剧烈下滑，涌入 G69 银百高速安岚段 K41+000 处，造成 G69 银百高速安岚段双向阻断，交通中断，9 户房屋损坏，直接经济损失 90 余万元。

灾情发生后，城关镇政府组织对该区域进行了封闭，竖立警示牌，拉警戒线，对撤离群众进行了投亲靠友的方式安置，对住户房屋进行了“两把锁”管理，镇村两级干部 24 小时卡点监测，防止撤离群众回流。岚皋县地质灾害防治监测站收到城关镇报告后，立即会同陕西省核工业工程勘察院有限公司技术人员到现场开展了应急调查、指导镇村开展应急处置。

4 经验与启示

2023 年新启动的“123”预警叫应机制和县气象部门的精准气象预警信息在本次成功避险中发挥了重要作用，信息得到及时传递，有效地督促了监测人员加大巡查排查频次，排查人员根据沟边水流量、色泽变化及时发出预警，实现成功避险，充分显示了巡查排查工作和“发现隐患、监测隐患、发出预警、果断撤离”防灾闭环管理模式在保障人民群众生命财产安全中的重要性。

陕西安康“10·4”斑竹园社区崩塌避险

1 灾情概况

2023年10月4日12时10分，陕西省安康市汉滨区坝河镇斑竹园社区12组一居民房后发生一起小型崩塌，造成4间房屋受损，直接经济损失约45万元。由于发现险情并撤离受威胁群众及时，成功避免1户7人可能因灾伤亡。

2 基本特征

2.1 地质环境条件

崩塌区属低山斜坡地貌，微地貌呈凸性陡坡，斜坡上部坡度约40°，坡脚前缘开挖形成高约10m近直立边坡，斜坡整体高度约35m，坡向约175°。斜坡地层岩性为强风化千枚岩，结构破碎，强度低，手可掰断，岩层产状10°∠40°。

2.2 灾害地质特征

该崩塌位于斜坡中上部区域，崩塌体高度约20m，崩塌体宽约40m，厚度3~5m，崩塌体积约3200m^3，崩向175°（图1）。

图1 崩塌全貌（镜向10°）

2.3 成因分析

通过现场初步调查分析，该崩塌主要由地形地貌、地层岩性和强降雨等因素作用下发生的崩塌灾害。

1）地形地貌。崩塌所在区地貌单元为低山斜坡地带，前缘坡脚有近直立临空面，斜坡在纵向上呈凸形，具有形成崩塌良好的地形条件，在不利因素作用下易发生崩塌灾害。

2）地层岩性。斜坡岩土体主要为强风化千枚岩，风化严重，结构破碎，力学性质差，岩石强度低，手可掰断掰碎，受降雨及地表水冲蚀后，自重增加，力学强度降低，易发生崩塌灾害。

3）大气降水。该区降水量丰富，加之坡面植被稀疏、岩体结构松散，大气降水易于下渗及径流，引发崩塌的发生。

3 监测预警及避险防控

9月29日上午村支部书记在日常巡查中发现，斑竹园社区12组张广群房后坡体有变形破坏迹象，坡面有滚石坠落。发现变形迹象后，立即报告坝河镇政府，并组织受威胁的1户7人撤离至安全区域。随后几天崩塌体变形不断加剧，从块石坠落逐渐到小规模垮塌，直至10月4日12时10分崩塌发生，崩塌体涌进住户家中，并堆积于坡脚处，造成该处住户4间房屋严重受损，直接经济损失约45万元，所幸撤离及时无人员伤亡。

灾害发生后，当地政府设置警示标识和警戒线，提醒过往行人车辆禁止靠近该区域；安排专人对坡体进行巡查排查，加强监测，掌握坡体变化情况；妥善安置受威胁住户，危险消除前严禁返回居住。开展应急抢险工作，对崩塌危岩体进行紧急排险，防止灾害扩大发生二次灾害（图2）。

图2 损毁房屋

4 经验与启示

在本次地质灾害点成功避险案例中，基层干部是防灾第一责任人，打通防灾工作“最后一公里”，在实践中形成“发现隐患、监测隐患、发出预警、果断撤离”的工作闭环管理，值得推广学习。

重庆奉节“10·5”大小屋基滑坡避险

1 灾情概况

2023年10月5日14时30分左右，重庆市奉节县新民镇中台村10组大小屋基滑坡隐患前部右侧突然发生滑移，造成8间土木结构房屋损毁掩埋、新民河部分堰塞。因发现及时，新民镇人民政府提前组织撤离村民2户12人，成功避免了人员可能因灾伤亡。

2 基本特征

2.1 地质环境条件

滑坡区属中低山地貌区，为斜坡地形，整体地势南东高、北西低。滑坡区地层岩性主要由第四系全新统滑坡堆积层及下伏中三叠统巴东组泥岩组成。

滑坡区位于巫山向斜南翼，基岩岩层呈单斜产出，优势产状340°∠37°，为顺向斜坡，层间结合差，为软弱结构面，局部含软弱夹层。主要发育两组构造裂隙：裂隙1产状155°∠68°，延伸1~3m，间距0.5~1.2m，微张开，少量黏土质充填，结合差，属软弱结构面；裂隙2产状72°∠75°，延伸2~5m，间距0.7~1.6m，微张开，无充填，结合差，属软弱结构面。

滑坡区地下水类型主要为第四系孔隙水及基岩裂隙水。主要受大气降水补给，大部分以坡面流形式向前缘坡脚的新民河沟排泄，少部分通过土体孔隙及基岩裂隙下渗，沿层间软弱夹层或岩土界面径流，往坡下方向排泄。雨季时，上覆土体及基岩裂隙内易赋存一定量上层滞水。该滑坡区地形易形成汇水，村道及陡坎可见渗水现象。

滑坡区抗震设防烈度为6度，设计基本地震加速度为0.05g，近期未发生过地震活动。

2.2 灾害地质特征

大小屋基滑坡范围呈舌形，后缘以斜坡陡缓交界处为界，前缘以新民河沟为界，左侧边界以山脊微地貌为界，右侧边界以纵向小冲沟为界，主滑方向339°，滑坡全长约795m，横宽约300m，平均厚度约11m，体积约$262\times10^4m^3$，为大型中层牵引式土质滑坡（图1，图2）。

本次发生滑坡的范围位于大小屋基滑坡隐患前部，滑塌区纵向长度约200m，横向宽度约150m，面积约$3\times10^4m^3$。

图 1　大小屋基滑坡全貌

图 2　滑坡发生前斜坡全貌

2.3　成因分析

该滑坡滑动面主要为岩土界面，坡度较陡，滑面具有临空条件，无明显阻滑段，具有形成滑动的条件。滑坡体表层为块石土，渗透性良好，本次持续降雨，大量雨水不断入渗，地表水排泄补给，形成饱水带，增加了坡体的自重，并产生动水压力及静水压力，从而产生软弱带；加上该基岩面坡度较大，滑坡前缘为新民河，其具备临空条件，滑坡前缘出现滑塌后带动其他部分发生变形，并最终发生滑移破坏。

3　监测预警

大小屋基滑坡为 2012 年登记在册的地质灾害隐患点，隐患威胁范围内共有居民 22 户 121 人。

2023年汛期开始后，该区域被列为重点防范区。在汛期降雨期间，加强该区域巡查工作并加强了当地居民地质灾害防治知识宣传培训工作，并于4月26日起在新民镇多次开展防灾减灾应急演练。9月20日起，奉节县遭遇连续强降雨，新民镇加大了巡查力度，新民镇各级领导、驻守地质工程师、片区地防员、各群测群防员于一线进行拉网式巡查，奉节县规划和自然资源局及应急管理局处于24小时警戒状态，准备应对灾险情。受连续降雨影响，新民河流量骤增，大小屋基滑坡土体处于近饱和状态，稳定性低。

9月24日，该滑坡前缘出现新增裂缝等变形迹象，并有少量土体滑塌至新民河。该隐患监测员及镇地质灾害专管员将该情况通报于驻守技术人员。技术人员现场调查后，同奉节县规划和自然资源局、新民镇人民政府会商后制定了加密巡查、居民监测居住、变形加剧后临时避险的应急处置措施。9月27日，根据气象预警信息，降雨仍将持续，奉节县规划和自然资源局组织驻守地质队员开展雨前会商研判，督促新民镇加强对大小屋基滑坡等高风险地质灾害隐患点和重点防范区域的巡查排查和监测预警工作。

4　避险防控

10月上旬，奉节县降雨仍在持续，10月4日中午，滑坡裂缝扩张，且有新的裂缝出现，滑坡前部变形呈加速趋势，13时40分，驻守技术人员和监测员调查后，认为该滑坡有变形加剧趋势，可能引起滑坡前部危险区整体失稳，并根据现场变形情况重新核定了危险区。13时58分，新民镇政府立即按照预定措施对危险区域的居民6户12人实施避险撤离。同时安排人员24小时应急值守，防止撤离人员回流。

10月5日14时30分左右，滑坡发生大规模滑塌，一个小时形成约$15\times10^4 m^3$的滑坡体。造成滑坡体前部的8间房屋被完全掩埋，部分村道、果园苗木等受损，由于撤离及时，避免了人员伤亡。

滑坡发生后，当地再次前往现场展开调查和监测工作，进一步划定滑坡成灾范围，核定危险区域，开展应急抢险救援工作，并疏散滑坡附近群众30余人。

5　经验与启示

严格落实“三个必须撤离”制度，明确“查、防、避、治、减、救、联”七字工作法，全面“查”、精心“防”、科学“避”、及时“治”、有序“减”、全力“救”、高效“联”，是地质灾害成功处置的重要举措和有效手段。

湖南宁乡“10·6”毛公塘组地面塌陷避险

1 灾情概况

2023年10月6日12时许，湖南省长沙市宁乡市花明楼镇炭子冲村毛公塘组发生地面塌陷，导致1栋民房及1栋养猪场倒塌。因提前转移安置受威胁群众1户2人，清空猪舍生猪200头，避免了人员可能因灾伤亡及直接经济损失50万元。

2 基本特征

2.1 地质环境条件

该地面塌陷点位于宁乡市花明楼镇炭子冲村毛公塘组原宁乡县三江石灰石矿（已于2021年停采）矿区南东部风井附近一台地中，地面海拔91.5m，地形总体北高南低，丘岗多呈椭圆形，丘顶呈浑圆状或垄岗状，坡度一般为5°~15°，冲沟较发育，谷底开阔多呈“U”形，植被较发育，以杂木林为主。区内地表水系不发育，仅有数口水塘及少量农田灌溉水渠。

该区上覆第四系上部为浅棕红色网纹状含砾砂质黏土或泥砾层，砾石成分多为石英砂岩；下部为浅棕红色网纹状粉砂质黏土，红壤化程度较高，厚度在2~24m之间，平均厚度约为13.8m，易产生崩塌、滑坡问题。下伏基岩为二叠系栖霞组深灰色、浅灰色中厚层状泥晶灰岩、生物灰岩、灰岩，含大量燧石团块，强岩溶化灰岩形成槽谷。覆盖区普遍分布一层残积红土，裸露区发育溶洞，疏排地下水较易出现地面塌陷问题。

2.2 灾害地质特征

地面塌陷坑平面呈椭圆状，长轴长80.0m，方向142°，短轴长60.0m，地表投影面积约4200m^2；空间呈倒锥体状，深度16m，塌陷总方量约为$2.23\times10^4m^3$。地面塌陷位于矿山东部采空区上方，由原来的近圆状直径约3m变形加剧形成。根据现场无人机实时拍摄，坑壁土体仍不断有垮塌现象（图1，图2）。

2.3 成因分析

该处地面塌陷发生一是因为矿山关闭停产后停止抽排地下水，采空疏干区地下水水位抬升，2023年9月开始，该地区丰水期转为枯水期，地下水水位波动剧烈，成为导致地面塌陷的主要因素。二是由于矿山开采形成较大地下采空区，为地面塌陷提供了良好收纳空间，从而诱发该地面塌陷。

图 1　地面塌陷全貌

图 2　因地面塌陷而部分倒塌的养猪场

3　监测预警

该地面塌陷为非在册隐患点。2023 年 9 月 2 日，花明楼镇自然资源所在例行巡查排查过程中，发现宁乡市三江石灰石矿矿区范围内发生小规模地面塌陷，附近 1 栋民房（常住 2 人）发生墙体开裂受损，生猪养殖场出现地面开裂现象。巡查排查人员随即对所在地村委地质灾害负责人员及周边居住村民进行了地质灾害应急知识宣讲，并将情况上报宁乡市自然资源局。宁乡市自然资源局会同花明楼镇人民政府第一时间前往现场核实处置。

4　避险防控

9 月 2 日 11 时许，宁乡市、花明楼镇相关部门人员赶赴现场，组织镇村干部开展应急处置工作，对民房内 2 人进行安全转移安置，对养猪场猪舍清空。并在塌陷区周边设置围挡，悬挂安全警示牌，禁止人员进入。同时加强巡查值守，镇政府组织力量开展每日两次常态化巡查。并对该岩溶塌陷点开展应急调查工作。

10 月 6 日 13 时许，沉陷区范围突然扩大，形成长约 120m、宽约 60m 的不规则土坑，造成附近民房和猪舍倒塌。因有效落实了地质灾害应急处置措施，提前转移安置受威胁群众并清空猪舍生猪，本次塌陷未造成人员伤亡。

巡查人员第一时间将沉陷区范围扩大情况上报后，宁乡市自然资源局会同花明楼镇人民政府立即对塌陷区周边 2 户 6 人进行转移安置。划定危险区和警示区，加强巡查值守和交通管制，禁止无关人员和车辆进入封堵塌陷区影响范围。宁乡市自然资源局组织编制塌陷区工程治理的技术方案，督促原矿山企业开展治理，消除安全隐患。

5　经验与启示

地质灾害防治重在未雨绸缪，除了对在册地质灾害隐患点要进行常态化巡查排查，更需要因地制宜加强对重点区域的巡查工作。发现险情后，联合技术支撑单位综合研判，预测险情发生后可能产生的次生灾害和影响范围，及时转移安置受威胁群众，确保人民群众生命财产安全。

重庆巫山“10·9”兑窝子坪滑坡避险

1 灾情概况

2023年10月9日9时30分，重庆市巫山县铜鼓镇水流村2组兑窝子坪滑坡隐患局部发生滑坡，滑动方量约$530\times10^4m^3$。由于受威胁的103户196人全部提前安全撤离，本次滑坡未造成人员伤亡。

2 基本特征

2.1 地质环境条件

兑窝子坪滑坡所处斜坡属浅、中切割剥蚀低山河谷地貌，地势总体向南东倾斜，相对高差457m，最低点位于南侧官渡河道，高程为513m，最高点位于北东侧山顶，高程约为970m。斜坡整体坡度为15°~25°，呈台阶状地形，坡面为耕地、水田，植被覆盖率较小。区内出露地层主要为第四系全新统残坡积层，下伏基岩为中三叠统巴东组泥岩。地下水类型主要包括松散土类孔隙水和基岩网状裂隙水两大类。滑坡区内人类工程活动主要表现为修建房屋开挖回填、公路基础设施修建、农耕活动、修建农业用水蓄水池、鱼塘等。

滑坡区处于大巴山弧、川东褶皱带及川鄂湘黔隆起褶皱带结合部，官渡向斜北西翼区域，构造较为复杂。区内无断裂带发育，但岩体受多个构造应力场的作用，岩层产状变化较大，斜坡上部岩层内倾，斜坡下部外倾，综合推测斜坡位于次一级背斜顶部及翼部，岩体节理、裂隙发育。该地区地震基本烈度Ⅵ度，抗震设防烈度为6度，地震动峰值加速度值为0.05g，特征周期为0.35s。

2.2 灾害地质特征

兑窝子坪滑坡纵长1010m，横宽280m，平均厚度30m，面积约$28\times10^4m^2$，体积约$850\times10^4m^3$，两侧以冲沟及部分山脊为界，总体坡度为15°~25°。其中，已滑动区域长840m，宽210m，平均厚度约30m，面积约$17.6\times10^4m^2$，滑动方量约$530\times10^4m^3$，最大滑动距离约90m，滑动区域未超出圈定的滑坡范围，属大型土质牵引式滑坡（图1，图2）。

滑体土从上至下分层分布，主要为粉质黏土及碎块石土，滑体厚度5.0~27.7m。碎块石土粒径一般2~5cm，含量约为70%，处于稍密—密实状态。潜在滑面物质多为褐黄色、紫红色粉质黏土，湿，呈可塑—软塑状，局部夹少量的泥岩角砾，角砾含量为10%~15%，多呈颗粒状，潜在滑带厚度约 20cm。

该滑坡直接威胁群众 103 户 196 人、小型电站 1 座。本次局部滑坡造成 44 栋房屋垮塌、4 栋严重损坏，道路、农田等不同程度损毁，直接经济损失 4800 万元。

图 1　兑窝子坪滑坡全貌

图 2　滑坡已滑区全貌

2.3　成因分析

1）强降雨影响。因持续降雨，雨水入渗后形成静水压力，导致滑坡区土体沿基岩面滑动，形成大面积滑坡。

2）地形地貌陡峭。滑塌变形区平面形态呈圈椅状，前缘临空，为滑坡的滑动变形提供了动力条件。

3）地层岩性脆弱。该滑坡区为顺向单面坡，滑坡表层主要岩性为碎石土，结构松散，风化强烈。

4）地下水流动性强。该区域土体松散，渗透性较好，地表水易下渗形成地下水，渗透压力较大，加速了滑坡滑动。

3　监测预警

兑窝子坪滑坡为非库区已有群测群防点，布设有监测设备。2023 年 9 月 16 日，巫山县气象、规资部门就发布气象预警，警示近期地质灾害风险高。17 日，该县启动地质灾害Ⅲ级响应。9 月 20 日—10 月 6 日，巫山县持续降雨，最大累计降水量达 524mm。

9 月 26 日，水流村地质灾害群测群防员和驻守工程师在例行巡查时，发现兑窝子坪滑坡监测点出现裂缝，立即电话报告铜鼓镇政府。接报后，镇政府随即现场核查，并成立夜间巡逻小组加密监测。

4　避险防控

10 月 9 日 9 时左右，驻守单位技术人员会同镇政府开展雨后核查，发现滑坡后缘裂缝变形加剧、增大，还出现 9 条新的地裂缝。铜鼓镇政府立即向县委、县政府及县级相关部门报告险情，并开展应急撤离。9 时 30 分，滑坡发生，滑动面积约 $17.6\times10^4m^2$，方量约 $530\times10^4m^3$。由于处置及时得当，受威胁的 103 户 196 人全部安全撤离，未造成人员伤亡。

滑坡发生后，巫山县委、县政府组织开展应急救灾工作。启动Ⅲ级应急响应，监测预警级别为红色，对滑坡开展应急专业监测及详细调查。安排专人 24 小时值守，防止撤离人员回流，禁止无关人员进入警戒区。

5　经验与启示

随着重庆市地质灾害综合防治体系建设，各级干部和群众防灾减灾能力不断提高，实践中坚持把临灾处置启动预案权力交给掌握情况最直接、发出信号最及时、组织转移最前沿的基层组织、村社干部和一线监测员，减少逐级报告情况、等待指示的时间，为及时撤离赢得最宝贵时间。该案例中，滑坡造成了严重的经济损失，但是在发生过程中，当地有关部门在第一时间预警预报并对滑坡体影响范围内人员进行了全部撤离，及时停电、封锁道路，撤离群众无一回流，处置得当，避免了重大人员伤亡和更大经济损失。

云南泸水“10·12”新农村四组滑坡避险

1 灾情概况

2023年10月12日14时50分左右，云南省怒江傈僳族自治州泸水市大练地街道新建村新农村四组发生滑坡，导致一户居民房屋损毁，直接经济损失5万元，因预警及时，紧急避让3户16人，本次滑坡未造成人员伤亡。

2 基本特征

2.1 灾害地质特征

新农村四组滑坡位于泸水市大练地街道新建村，平面形态呈圈椅状，主滑方向约160°。滑坡前缘位于陡缓交界处，滑坡后缘分布居民建筑与坡耕地，有部分灌木生长。滑坡前缘高程约1115m，后缘高程约1140m，相对高差约25m。滑坡轴向长约70m，横向宽约100m，平面面积7000m^2，滑坡体厚2~3m，平均厚2.5m，体积约$1.75\times10^4m^3$，为小型浅层牵引式土质滑坡。滑动面沿第四系残坡积层与上寒武统保山组灰岩接触面发育。滑面纵向上呈折线形，倾向南，倾角约25°，横向上呈弧状，坡体组成物质主要为含砾粉质黏土，滑床为强风化灰岩（图1）。

图1　滑坡全貌

2.2 成因分析

滑坡整体处于负地形区内，便于水流汇集，且地形坡度较大，约25°，局部因工程建设开挖形成陡坎。滑体为残坡积层含碎石粉质黏土，结构松散，力学强度低，遇水浸泡软化，易沿软弱结构面（土岩界面）产生滑移破坏。滑坡区雨季降雨集中且雨量较大，地形易于地表水汇集，雨季时地表水下渗浸润坡体，降低坡体岩土力学强度，增加坡体自重，地表水下渗后在滑面处形成径流，加剧滑坡变形。

综上所述，有利的地形条件以及松散的土体结构是滑坡形成的内在主导因素，集中充沛的降雨是滑坡形成的外在诱发因素。

3　监测预警

新农村四组滑坡为泸水市日常台账内管理的地质灾害隐患点，每年均进行了汛前、汛中、汛后排查，2022 年度对该点新增了专业监测。

该滑坡自监测设备安装以来至滑坡灾害发生期间，在连续强降雨条件下捕捉到了滑坡左下部区域的变形迹象共 3 次：2022 年 10 月 4 日，GNSS 出现明显数据，累计水平位移量约 100mm，现场核实滑坡左下部区域发生明显变形；2023 年 8 月底，又监测到滑坡出现变形，此次水平位移变形量约 150mm；2023 年 9 月 12 日，再次监测到滑坡变形加剧，此次变形水平位移量达 280mm。

4　避险防控

2023 年 10 月 12 日 13 时，该滑坡触发多参数预警：03YL01（雨量）前 24 小时降水量达到 60. 2mm，触发黄色预警；02GP03（地表位移）水平位移变形速率达到 104mm/d，触发红色预警；滑坡仪触发红色预警。预警信息以短信、平台预警、现场广播方式通知技术人员、防灾责任人及受威胁群众。

收到预警消息后，总承建单位、泸水市自然资源局、监测员等相关人员第一时间到达现场展开巡查，确认了滑坡体中前部出现变形迹象，随即立即启动应急预案，组织滑坡前缘 2 户，后缘 1 户，共计 16 人进行紧急避险转移。同时划定危险区，设隔离及安全警示标志，禁止进入危险区；后该点橙色预警级别升至红色，现场预警喇叭响起。通过监测数据分析及现场巡查，滑坡变形明显加剧。

12 日 14 时 50 分左右，滑坡出现滑移破坏，方量约 2250m^3，后缘形成高约 40cm 的台坎，台坎距后缘房屋约 3m，左侧滑体冲至下方，造成 1 户房屋损毁。

滑坡后，滑体后缘道路处分布多条横向弧形拉张裂缝，裂缝距后缘房屋最近距离约 3m，右侧滑体整体下滑，但未完全解体，对滑坡前缘及后缘居民、建筑等造成严重威胁，当地组织开展灾害应急调查工作，划定风险区域，提出处置建议。

5　经验与启示

“人防+ 技防”的地质灾害监测模式切实提升了地质灾害风险预警能力。该滑坡发生前，监测预警设备发出预警信息，相关责任人员高度警惕，第一时间巡查、排查，依据主动避让、提前避让、预防避让“三避让”刚性要求，果断主动避险撤离，实现成功避险。

新疆策勒“10·16”乌库村滑坡避险

1 灾情概况

2023年10月16日凌晨3时许，新疆维吾尔自治区和田地区策勒县恰哈乡乌库村村委会北山发生一起滑坡，造成直接经济损失约36万元。由于提前发现变形迹象，及时采取果断措施组织受威胁群众撤离，避免了极危险区内18人可能因灾伤亡。

2 基本特征

2.1 地质环境条件

该滑坡位于恰哈乡乌库村北部山坡，地貌属于中高山，地形为向东南倾斜的斜坡，坡体顶底高差约110m，平均坡度约35°，中上部坡度较陡，可达57°。山坡顶部覆盖一层第四系全新统风积粉土，厚度3~5m；山坡坡面的大部被第四系全新统风积粉土、残坡积粉质黏土层覆盖，厚度1~10m；顶部局部基岩出露，岩性为古近系—新近系棕色泥岩，产状158°~160°∠12°~15°。

2.2 灾害地质特征

该滑坡东西向宽约310m，南北向长约150m，厚度5~25m，估算滑坡总体积约$62\times10^4m^3$，为中型滑坡。滑坡平面整体呈圈椅状，后缘形成陡坎高3~9m，部分地段拉张裂缝发育，裂缝宽1~5cm，长3~9m；滑坡体中上部形成4级滑动平台，中下部推覆于山坡中—下部；滑坡体前缘地面散布着滚落的泥岩块石。目前，滑坡区呈现出上缓、下陡、中间凸出的地形。滑体主要由泥岩组成，在后缘中部有薄层粉土层。滑动方向140°~145°，剪出口位于山坡中上部地形转折处附近，距后缘高差约70m。该滑坡为一中层、岩质、顺层滑坡。滑坡区内未见地表水分布，地下水类型主要为基岩裂隙水，流量小，受大气降水影响明显。

滑坡坡脚向南（坡脚向外）方向约80m的范围内均有落石、滚石；滑坡引发其东西两翼山体变形，西侧出现一处新的不稳性斜坡体，东侧山顶出现一处危岩体。因此，将滑坡体纵轴线向西约260m、轴线向东约240m、滑坡坡脚向南（坡脚向外）方向约100m的范围划定为危险区。滑坡灾害直接威胁对象为滑坡体前缘乌库村18人、输电线路、简易道路、农田、渠道等。

滑坡体悬于山坡中上部，处于不稳定状态，随时可能再次发生下滑。在长时间降雨或暴雨天气时，滑坡体充水增重、滑动面润滑抗剪强度降低的情况下可能发生高位远程滑坡，造成更大范围的危害，因此，将危险区向南外扩150m的范围划定为危险影响区（图1，图2）。

2.3　成因分析

滑坡体累计变形是滑坡发生的主要原因，滑坡前缘岩土体累计变形破坏是发生滑坡的诱发因素。经 InSAR 综合遥感解译该区域前期累计变形异常情况：2019 年前滑坡区斜坡变形不明显，2019—2021 年变形异常较小，2021—2023 年 1 月具有较为明显的变形异常，分析原因主要为 2021—2022 年降水量较大导致。

该滑坡体为顺向坡，滑动面基本与岩层倾向一致。当上部岩土体累计变形超过岩体结构面强度时，滑坡体前缘岩体滑移剪出，后缘荷载推动变形分级向下滑动，最终导致滑坡发生。

图 1　滑坡正面（航飞影像）

图 2　滑坡东侧（航飞影像）

3　监测预警及避险防控

10 月 15 日 23 时 45 分左右，滑坡坡脚居民听见后山有滚石声，立即向乌库村支部书记报告，并大声呼喊周围村民避险转移。村委会第一时间向乡政府报告并通过手机微信群及广播向群众发出撤离警报。村委会组织驻村工作队、村干部、村民警等各方力量迅速逐户撤离受威胁群众及牛、羊等财产。10 月 16 日凌晨 0 时 15 分左右，坡脚居住的 92 户村民 142 人全部撤离至乌库村村委会。

凌晨 3 时许，滑坡发生，持续约 5 小时，损毁水渠约 300m，阻断农村道路（砂石路）约 500m，损坏房屋 10 间、农田约 10 亩（图 3）。

图 3　受损房屋内部

4　经验与启示

本次滑坡为非在册地质灾害隐患点，但在该滑坡附近存在一个已在册的泥石流隐患点，因此每年均有县、乡、村三级组织相关部门开展基本技能培训和地质灾害应急避险演练，提高了村民防灾避险意识和能力，充分体现了避险演练的重要性。避险过程中，县、乡、村三级应急联动力量高效衔接，群测群防员尽职尽责，充分展现了现代化的群测群防体系建设效果，是既要管住隐患点，又要管住风险区的典型案例。

甘肃陇南“10·16”尹家湾村滑坡避险

1　灾情概况

2023年10月16日17时20分，甘肃省陇南市武都区马街镇尹家湾村发生山体滑坡，造成坡体上农田、左侧排洪渠、村民蓄水池受损，2户民房出现裂缝，直接经济损失约50万元。因巡查发现变形迹象及时预警，24户18人成功转移，避免了人员可能因灾伤亡。

2　基本特征

2.1　地质环境条件

尹家湾村滑坡位于北峪河右岸一级支沟冯家沟上游右岸，其地形为侵蚀构造中山缓坡地形，地壳强烈的间歇性上升，同时遭受长期的强烈剥蚀和侵蚀切割作用而形成。滑坡后缘海拔1617m，前缘海拔1506m，相对高差110m，山体坡度约20°。区内沟谷发育，沟谷纵剖面起伏不平，沟谷横剖面多呈“V”形，谷底狭窄，两壁陡直，为地质灾害发育提供了有利的地形条件。

滑坡区出露地层岩性主要为黄土和泥岩。马兰黄土披覆于斜坡上部，土质疏松，结构松散；下伏离石黄土结构相对质密；基底为新近系泥岩、砂质泥岩互层，砖红色，产状近水平。地下水类型主要为黄土潜水及碎屑岩类裂隙水。人类工程活动以陡坡耕植、切坡取土和削坡建房为主。

2.2　灾害地质特征

该滑坡属黄土-基岩滑坡，滑坡堆积体宽80m，长30m，平均厚度约10m，体积约$2.4\times10^4m^3$，规模等级为小型。滑坡体坡度平缓，约20°，受沟谷切割，前缘坡度达70°，坡脚为冯家沟沟道。坡面裂缝发育，长10~50m，宽0.2~3m，深2~4m。滑坡发生后，在后缘拉裂形成高3~4m、坡度60°的圈椅状后壁，可见擦痕（图1—图3）。

2.3　成因分析

经现场调查分析，此次滑坡灾害的形成主要受以下因素控制和影响。

（1）地层岩性

滑坡体主要物质组成为黄土和泥岩。上部黄土孔隙发育，结构松散，垂直节理发育，具湿陷性，遇水易崩解。基底泥岩表层风化破碎，遇水易软化，属易滑地层。

图 1　滑坡全貌图

图 2　滑坡后壁

图 3　坡面裂缝

（2）降雨

区内降雨集中，连续降雨或暴雨多为地质灾害的形成创造了条件。降雨使水体不断的渗入坡体，破坏了原有的土体结构，滑坡稳定性下降。常年降雨导致滑坡前缘受正对面冲沟内的流水冲蚀，溯源侵蚀现象严重，土体不断向沟内垮塌，使得滑坡前缘失去原有的支撑，牵引滑坡滑动，是此次滑坡发生的主要原因。

（3）人类工程活动

村民将斜坡坡面改造为台坎状进行耕植活动或建造房屋，对斜坡坡体进行了加载，耕植活动长期进行浇灌，人为增加了坡体的含水量，破坏坡体本就脆弱的岩土力学结构，也是造成斜坡发生变形的诱发因素之一，对斜坡的稳定有较大的影响。

综上所述，滑坡发生是斜坡累积性破坏的必然结果。斜坡所在岸坡地形坡度陡峻，斜坡组成物质松散，降雨对坡面的冲刷和渗入坡体内部破坏岩土体力学结构，加之人类工程活动影响，最终导致本次滑坡发生。

3　监测预警及避险防控

为应对汛期地质灾害防范工作，马街镇政府自 2023 年 4 月 10 日起，对辖区内网格员、地质灾害群测群防员开展了多轮培训，对全镇 6 片区 40 个村居民开展了地质灾害防灾减灾知识宣讲。实现了镇、村、社三级干部培训全覆盖，提升了全民防灾减灾意识和避险自救能力。

此滑坡为非在库地质灾害隐患点，2023 年 10 月 16 日 17 时，乡镇网格员在日常巡查排查过程中，发现该坡脚出现垮塌，坡面上也出现大量的裂缝，立即上报马街镇政府，马街镇政府立即启动应急预案，及时撤离坡顶危险区群众 24 户 18 人（其他大部分村民外出务工、学生上学等）。17 时 20 分左右，滑坡发生，造成直接经济损失约 50 万元。

滑坡发生后，当地设立警示牌，拉设警戒线，成立地质灾害防治领导小组，开展 24 小时轮流值班、监测预警。并上报陇南市自然资源局武都分局。10 月 17—18 日，省、市自然资源主管部门会同技术支撑单位，组成专家组赶赴现场开展应急调查。研判灾害发展趋势，划定了潜在威胁区域，提出了防治措施建议，为下一步处置工作提供了依据。

4　经验与启示

建立健全四级网格管理机制，即乡镇干部包片、驻村干部包村、社组干部包社、党员包户。将群测群防员与网格员融合，由群测群防员对已有隐患点开展巡查排查、监测预警工作，由网格员对临沟、临坎、临崖等存在隐患地段开展巡查排查、监测预警工作，基本实现了隐患点和风险区全覆盖，相当于给防灾减灾工作上了“双保险”。网格员的认真负责，及时发现灾害隐患，有效避免了人员伤亡。技术支撑单位发挥专家优势，及时提供技术支撑，险情判定科学准确；当地政府响应快速，组织有序，避险转移坚决果断，成为本次成功避险的关键。

北京“23·7”特大暴雨洪涝灾害应对

1 灾情概况

受台风“杜苏芮”影响，2023年7月底，北京市遭遇历史罕见的特大暴雨洪涝灾害，巨量降雨导致山区发生崩塌、滑坡、泥石流等地质灾害。北京市规划和自然资源委员会提前统筹调度、强化风险研判、提升预警精度、有效转移避险，全市未发生因地质灾害造成的人员伤亡。

本次降水历时长、雨强大、覆盖范围广，83小时内降雨达常年年均降水量的60%，单点极值超过1000mm，是北京地区有仪器测量记录140年以来最大降水量。截至2023年8月9日，全市近129万人受灾，5.9万间房屋倒塌，14.7万间房屋严重损坏，农作物受灾面积22.5万亩。强降雨引发群发性地质灾害，截至8月16日，共引发1257起，约为多年平均（35起）的36倍。其中，崩塌1090起，占86.7%；泥石流132起，占10.5%；滑坡22起，占1.8%；地面塌陷13起，占1%。门头沟区、房山区、昌平区三区受灾最为严重，共1051起，占比84%。

2 地质灾害应对情况

北京市规划和自然资源委员会作为全市地质灾害防汛专项分指挥部，充分发挥组织、协调及自然资源专业优势，深入一线、靠前指挥、密集调度部署，及时有效发布提级预警信息，有效指导群众避险转移，迅速统筹地质灾害防治专业队伍力量，抓细抓牢地质灾害风险隐患应急排查，快速助力防汛救灾，最大限度地避免和减轻地质灾害造成的损失。8月14日，中共中央政治局委员、北京市委书记尹力到北京市规划和自然资源委员会调研，对北京市规划和自然资源委员会工作表示充分肯定，指出其应对工作“及时、有力、有效”。

（1）扎实做好基础工作

北京山区面积占比约61%，地形地质条件复杂、断裂构造发育，存在多种类型地质灾害隐患。前期北京市各相关区已完成1：5万地质灾害风险普查、地质灾害风险评估和防治区划等工作，市级完成1：25万地质灾害风险评估与区划工作。结合风险普查成果以及地质灾害精细调查成果，共查明在账的地质灾害隐患点共8532处，其中崩塌占比87%，泥石流占比10%，其余为滑坡和地面塌陷。“23·7”特大暴雨洪涝灾害期间排查认定的1257起地质灾害中，有683起发生在地质灾害隐患点台账内，占比约54%，其中受灾严重的房山区，台账内地质灾害占比接近70%。前期对隐患点的精细调查为地质灾害精准防范打下了坚实的基础。

（2）提前布置，明确重点

“23·7”特大暴雨洪涝灾害前，北京市规划和自然资源委员会连续调度，提前部署。经与自然资源部地质灾害技术指导中心共同分析、与市气象部门密切会商、综合研判，提早发布地质灾害气象风险橙色预警，并及时升级发布红色预警。同时认真研判历史上北京地区造成人员伤亡最多的泥石流灾害，明确本次地质灾害防范以泥石流沟为重点。通过将849条泥石流沟与352条山洪沟进行空间数据套核，对811条山洪沟范围内的泥石流沟进行科学研判，最终确定144条泥石流沟为重点防范对象，并指导相关区开展重点排查。

（3）强化应急指挥调度，分级分类发布预警

通过对台风“杜苏芮”过境省市应对情况和受灾情况进行分析研判，结合北京市实际雨情和监测数据分析，以及部发布的提级响应通知，北京市规划和自然资源委员会及时升级、连续发布3期地质灾害红色预警，并严格做好巡查排查、会商研判、临灾避险、防御力量预置、值班值守和信息报送等工作。本轮特大暴雨，共发布9期地质灾害气象风险预警（红色预警3期、橙色预警3期、黄色预警2期、蓝色预警1期），预警时长达378小时。同时，发布6次道路沿线崩塌预警，共计65条道路124个路段900余千米预警提示信息，县级及以上道路崩塌灾害预警率达到76%，另外，发布146条泥石流沟临灾预警提示信息360余条，直达基层防灾责任人，已实施专业监测的43条全部实现了单沟临灾预警。

目前，已实现了地质灾害气象风险的精细化预警。根据雨情预报和模型预测，可提早发布精确到乡镇的区域预警、精确到路段的山区道路沿线崩塌预警，以及精确到点的泥石流单沟短临预警，形成了“点线面结合，长短临预警协同”的时空立体预警体系，切实保障人民群众生命财产安全。

（4）以人为本，紧盯安全，有效指导避险转移

聚焦强降雨不同阶段避险转移工作特点，全程紧盯安全，从应转尽转到避险安全，从严防回流到返家安全，有效指导避险转移。雨前，提前发布橙色预警，并及时升级红色预警，指导属地政府及时启动避险转移，高峰期共转移近2.9万人，做到应转尽转、应转全转。同时，关注954处避险点的安全问题，经及时摸排，发现11处避险点存在安全隐患，均在第一时间更换避险点。雨中，紧盯转移避险点的地质安全，严防转移人员擅自回流。雨后，在预警降级之前，及时启动避险转移群众原居住点的地质环境安全评估工作，确保降级后转移群众返家安全。在房山区，4天完成543处威胁居民点隐患点排查；在门头沟区，对9镇4街道111个村开展地质灾害隐患排查，安装100个高风险地质灾害隐患警示牌，向回流群众提示风险、强化防范；在昌平区，充分考虑泥石流与降雨的同步性、崩塌滑坡较降雨的滞后性，合理确定排查顺序，保障转移群众尽快返家。

（5）主动发力，变“被动接报”为“主动排查”

降雨期间，在岗值守、密切监控，随时防范可能发生的地质灾害。降雨结束后，全面落实市委市政府“雨停水退人要进”的要求，市应急调查队、专业小组携带无人机、